Peter Horvath

Online-Recherche
Neue Wege zum Wissen der Welt

Peter Horvath

Online-Recherche

Neue Wege zum Wissen der Welt

2., überarbeitete und erweiterte Auflage

1. Auflage 1994
2.,überarbeitete und erweiterte Auflage 1996

Das in diesem Buch enthaltene Programm-Material ist mit keiner Verpflichtung oder Garantie irgendeiner Art verbunden. Der Autor und die Herausgeber sowie der Verlag übernehmen infolgedessen keine Verantwortung und werden keine daraus folgende oder sonstige Haftung übernehmen, die auf irgendeine Art aus der Benutzung dieses Programm-Materials oder Teilen davon entsteht.

Ursprünglich erschienen bei Friedr. Vieweg & Sohn Verlagsgesellschaft mbH, Braunschweig/Wiesbaden 1996.
Softcover reprint of the hardcover 2nd edition 1996

Gedruckt auf säurefreiem Papier

ISBN 978-3-663-07680-3 ISBN 978-3-663-07679-7 (eBook)
DOI 10.1007/978-3-663-07679-7

Vorwort

„His excursion may be more enjoyable if he can reacquire the privilege of forgetting the manifold things he does not need to have immediately at hand, with some assurance that he can find them again if they prove important.“
(Vannevar Bush - As we may think)

Online Datenbanken können in wenigen Minuten Informationen zur Verfügung stellen, für deren Beschaffung man sonst Stunden oder Tage in Bibliotheken und Archiven verbringen müßte. Sie sind eines der effektivsten Werkzeuge, um aus der immer schneller wachsenden Publikationsmenge die Informationen herauszufiltern, die man braucht.

Elektronische Fachbibliographien verzeichnen Aufsätze aus Hunderten von Fachzeitschriften, und elektronischen Archive stellen Zeitungen und Zeitschriften zur Verfügung.

Das vorliegende Buch will Ihnen dabei helfen, dieses Potential zu nutzen und so ihre eigene Arbeit zu optimieren. Es wendet sich an alle, für die der Umgang mit Informationen zum Alltag gehört: an Schüler, Studenten und Wissenschaftler, an Bibliothekare und Berater, an Schriftsteller und Journalisten.

Diese Einführung ist nicht die Beschreibung eines einzigen Online-Dienstes oder Computernetzes. Das Buch versucht vielmehr mit den Mechanismen und der Logik von Online-Datenbanken vertraut zu machen, damit Sie selbst möglichst schnell mit ihnen zurechtkommen.

Es werden Datenbanken aus den unterschiedlichen Fachbereichen vorgestellt und ein Überblick über Zeitungen und Zeitschriften gegeben, die online verfügbar sind. Aber diese Vorstellung erfolgt nicht mit der Absicht, möglichst viele Datenbanken aufzuzählen und einen Datenbankkatalog zu ersetzen, sondern um Ihnen einen Eindruck von Umfang und Vielfalt des vorhandenen Angebots zu geben.

Auch wenn das Fachgebiet oder die Zeitung, die Sie im Besonderen interessieren, hier nicht aufgeführt sind, so werden Sie doch sehr schnell feststellen, daß Ihnen dieses Buch bei der Suche danach eine entscheidende Hilfe ist. Denn Sie lernen die Verzeichnisse kennen, in denen Sie Ihre Datenbanken finden werden.

Das Buch will konkret und praktisch sein, aber es hat nicht das Ziel, solche Detailinformationen anzuhäufen, deren Lebensdauer gering ist. Es will versuchen, Ihnen den Weg zu weisen, damit Sie selbständig ans Ziel kommen.

Hilfestellungen für die Bedienung und Nutzung von Online-Datenbanken finden Sie in einem viel umfangreicheren Maße online. Diese Informationen sind nicht nur aktueller, als es jedes Buch sein könnte, sondern sie stehen vor allem dort zur Verfügung, wo sie gebraucht werden.

Veränderungen auf dem Gebiet der elektronischen Datenbanken vollziehen sich von heute auf morgen. Datenbanken werden aktualisiert, neue werden ins Programm genommen, Zugangsprozeduren verändern sich. Es kann deshalb stellenweise passieren, daß Informationen, die das Buch gibt, bereits überholt sind und daß z.B. einige der dargestellten Beispiele nicht mehr in derselben Form nachvollzogen werden können, wofür ich Sie von vornherein um Nachsicht bitten muß.

Zum Aufbau des Buches:

Kapitel 1 führt in das Thema ein, erläutert wichtige Begriffe, gibt einen knappen Abriß der Geschichte der Online-Datenbanken, geht auf die Fachinformationspolitik ein und bietet einen Überblick über das weltweite Angebot an Datenbanken.

Kapitel 2 beschreibt das Datennetz Datex-P und führt in das Internet und die verschiedenen Internet-Dienste ein.

In Kapitel 3 geht es um den Online-Dienst CompuServe, der mit dem Knowledge Index eine der hochwertigsten und preiswertesten Datenbanken für Privatleute zur Verfügung stellt.

Kapitel 4 beschreibt T-Online, den größten deutschen Online-Dienst, über den ein großer Teil der deutschsprachigen Presse recherchiert werden kann.

Kapitel 5 gibt einen kurzen Überblick über die wichtigsten Voraussetzungen für die Online-Recherche, vom Modem bis zur Host-Anmeldung. Kapitel 6 beschreibt anhand von Beispielen die Probleme der Einstellung von Kommunikationsprogrammen.

Kapitel 7 schlägt die Brücke von traditionellen bibliographischen Hilfsmitteln zu den in Kapitel 8 vorgestellten Online-Datenbanken: Nationalbibliographien, Verbund- und Bibliothekskataloge, Fachbibliographien, Nachschlagewerke, Nachrichtenagenturen und Zeitungen, Datenarchiven und Statistiken.

Kapitel 9 beschäftigt sich mit den Recherchekosten, die anhand von unterschiedlichen Beispielen genauer beleuchtet werden. Kapitel 10 beschreibt in alphabetischer Reihenfolge die Online-Dienste, deren Datenbanken im Buch aufgeführt worden sind.

Kapitel 11 demonstriert anhand zahlreicher Beispiele, wie in verschiedenen Datenbanken unterschiedlicher Anbieter recherchiert werden kann.

Danksagung

Besonderer Dank gebührt meiner Frau Shahnaz, die mich während der Überarbeitung nicht nur ertragen, sondern auch nach Kräften unterstützt hat. Der Zeitschrift Cogito gilt mein Dank dafür, daß sie mir die Verwendung des - wie ich finde sehr treffenden - Untertitels *„Neue Wege zum Wissen der Welt“*, den sie selbst im Titel führt, gestattet hat.

Anregung, Meinung und Kritik

Über Anregung, Meinung und Kritik würde ich mich sehr freuen. Sie können schriftlich über den Verlag mit mir Kontakt aufnehmen oder mir direkt per E-Mail schreiben.

Internet: 100120.2072@CompuServe.Com

CompuServe ID: 100120,2072

Hamburg, im Februar 1996 Peter Horvath

Inhaltsverzeichnis

Vorwort ... V

1 Einleitung ... 1
1.1 Datenbanken ... 1
1.2 Kurze Geschichte der Online-Datenbanken ... 3
1.3 Fachinformationspolitik ... 6
1.3.1 Von der Information und Dokumentation zur Fachinformation ... 6
1.3.2 Das Fachinformationsprogramm der Bundesregierung 1990-1994 ... 11
1.4 Online-Markt ... 13

2 Datennetze ... 19
2.1 Datex-P ... 20
2.2 Kosten ... 28
2.3 Das Internet ... 29
2.3.1 Internet-Domains ... 35
2.3.2 Internet-Dienste ... 37
2.3.2.1 Telnet ... 38
2.3.2.2 FTP ... 38
2.3.2.3 E-Mail ... 39
2.3.2.4 Gopher ... 39
2.3.2.5 WWW ... 40
2.3.2.6 Archie ... 42
2.3.2.7 Newsgroups, Listserver, E-Journals ... 43
2.3.3 WWW-Suchprogramme ... 44
2.3.4 Internet-Zugänge ... 45
2.3.5 Internet-Anbieter ... 47

3 CompuServe ... 49
3.1 Der Knowledge Index (GO KI) ... 51
3.1.1 Datenfelder ... 53
3.1.2 Die Datenbanken des Knowledge Index ... 54

3.2 IQUEST (GO IQUEST) ... 57
3.3 Zeitschriften und Photos ... 61
3.4 Die CompuServe Foren ... 62
3.4.1 Das Spiegel Forum (GO SPIEGEL) ... 63
3.4.2 Die Internet-Foren ... 66
3.4.3 Suchhilfen: der PC-FileFinder (GO PCFF) ... 66
3.5 ENS (GO ENS) ... 68

4 T-Online ... 71
4.1 Ausgewählte Seiten ... 73
4.2 BTX plus ... 75
4.3 Ausländische Videotextsysteme ... 75
4.4 Datenbankanbieter ... 76

5 Voraussetzungen ... 81
5.1 Das Modem ... 81
5.2 Software ... 83
5.3 Weitere Voraussetzungen ... 85
5.4 Kosten ... 86

6 Kommunikationsprogramme ... 89
6.1 Grundeinstellungen ... 89
6.2 Windows 3.1X ... 92
6.3 OS/2 Warp ... 98
6.4 ISDN ... 99

7 Bibliographien ... 103
7.1 Nationalbibliographien ... 103
7.2 Fachbibliographien ... 106
7.2.1 Das Abstract (Kurzreferat) ... 106
7.2.2 Referenzindizierung ... 108
7.3 Elektronische Datenbanken ... 108

8 Online Datenbanken ... 111
8.1 Datenbankverzeichnisse ... 111
8.1.1 Gale Directory of Databases ... 111
8.1.2 IM GUIDE ... 112

8.2 Nationalbibliographien ... 112
8.2.1 Bundesrepublik Deutschland ... 112
8.2.2 Dänemark ... 114
8.2.3 Finnland ... 114
8.2.4 Frankreich ... 115
8.2.5 Großbritannien ... 116
8.2.6 Niederlande ... 117
8.2.7 Österreich ... 118
8.2.8 Portugal ... 118
8.2.9 Spanien ... 119
8.2.10 Schweiz ... 119
8.2.11 USA ... 120
8.2.12 Vatikan ... 123
8.3 Verbundkataloge ... 123
8.3.1 Bundesrepublik Deutschland ... 123
8.3.2 Dänemark ... 124
8.3.3 Finnland ... 124
8.3.4 Frankreich ... 125
8.3.5 Niederlande ... 125
8.3.6 Österreich ... 126
8.3.7 USA ... 126
8.4 Bibliothekskataloge ... 127
8.5 Bibliographien nach Fachbereichen ... 130
8.5.1 Interdisziplinär ... 130
8.5.2 Agrarwissenschaft ... 132
8.5.3 Altersforschung ... 133
8.5.4 Architektur ... 133
8.5.5 Biologie ... 134
8.5.6 Chemie ... 135
8.5.7 Ernährungswissenschaft ... 136
8.5.8 Erziehungswissenschaft ... 136
8.5.9 Geschichtswissenschaften ... 137
8.5.10 Kunst und Kunstgeschichte ... 138
8.5.11 Linguistik ... 139
8.5.12 Mathematik ... 139
8.5.13 Medizin ... 139
8.5.14 Pharmazie ... 140
8.5.15 Philosophie ... 140

8.5.16 Politik - Internationale Angelegenheiten 141
8.5.17 Psychologie 142
8.5.18 Rechtswissenschaft 142
8.5.19 Sozialwissenschaften 143
8.5.20 Technik 145
8.5.21 Theologie 145
8.5.22 Umwelt 146
8.5.23 Wirtschaftswissenschaft 146
8.6 Zeitschriftenverzeichnisse 148
8.7 Kongresse und "graue" Literatur 148
8.8 Allgemeine Nachschlagewerke und Lexika 149
8.9 Nachrichtenagenturen 152
8.10 Zeitungen und Zeitschriften 155
8.11 Firmenverzeichnisse 161
8.12 Textarchive 163
8.13 Datenarchive 164
8.13.1 Danish Data Archives (DDA) 165
8.13.2 Economic and Social Science Research Council (ESRC) 166
8.13.3 Inter-University Consortium for Political and Social Research (ICPSR) 167
8.13.4 Steinmetz Archiv - SWIDOC 168
8.13.5 Swedish Social Science Data Service (SSD) 168
8.13.6 The Roper Center for Public Opinion Research . 169
8.13.7 Zentralarchiv für Empirische Sozialforschung ... 169
8.14 Statistiken 170

9 Recherchekosten 173
9.1 DBI-LINK 173
9.2 Dialog 174
9.3 CompuServe 174
9.4 T-Online 175

10 Online-Dienste 177
10.1 BLAISE-LINE, Boston Spa, Großbritannien 177
10.2 CompuServe, Columbus, USA 177
10.3 Data-Star, Bern, Schweiz 178
10.4 DBI-LINK, Berlin 179

10.5 Dialog Information Services, Mountain View, USA... 180
10.6 DIMDI, Köln ... 180
10.7 ECHO, Luxemburg ... 181
10.8 ESA-IRS, Frascati, Italien ... 182
10.9 FIZ-Technik, Frankfurt/Main ... 182
10.10 GBI, München ... 183
10.11 GENIOS Wirtschaftsdatenbanken, Düsseldorf ... 183
10.12 Lexis Nexis, Dayton, USA ... 184
10.13 NewsNet, Bryn Mawr, USA ... 185
10.14 OCLC Europe, Birmingham, Großbritannien ... 185
10.15 Ovid Online, New York, USA ... 186
10.16 Questel/Orbit, Nanterre, Frankreich ... 187
10.17 RLIN, Mountain View, USA ... 188
10.18 STN - Columbus, Karlsruhe, Tokyo ... 188
10.19 T-Online ... 189
10.20 Neue Online-Dienste ... 190

11 Online Recherchen anhand praktischer Beispiele ... 193
11.1 Recherchestrategien ... 193
11.2 Grolier's Academic American Encyclopedia ... 196
11.3 IM GUIDE ... 201
11.3.1 Verbindungsaufnahme per Internet ... 202
11.3.2 Suche nach: „DPA“ ... 206
11.4 Der Verbundkatalog ... 209
11.4.1 Verbindungsaufnahme per Datex-P ... 209
11.4.2 Hinweise zum Retrieval ... 211
11.4.3 Suche nach: „Geschicht? und Datenver?“ ... 213
11.5 Der Pica OPAC der Universitätsbibliothek der Bundeswehr ... 218
11.5.1 Das Katalogmenü ... 220
11.5.2 Eine Suche nach Titelstichwoertern ... 220
11.5.3 Die Suche eingrenzen ... 222
11.6 Business Database Plus ... 224
11.7 Historical Abstracts ... 230
11.8 Die Zeitschriftendatenbank ... 235

11.9 Standard & Poor's Corporate Descriptions plus News und Standard & Poor's Daily News ... 239
11.9.1 Standard & Poor's Corporate Descriptions plus News ... 239
11.9.2 Standard & Poor's Daily News ... 250
11.10 Arts and Humanities Search ... 252
11.11 Die Zeit ... 259

12 Literaturverzeichnis ... 265
12.1 Verzeichnisse ... 265
12.2 Aufsätze, Broschüren, Bücher ... 265
12.3 Zeitschriften ... 268
12.4 Elektronische Referenzen ... 269

13 Glossar ... 271

Anhang: Retrievalbefehle im Überblick ... 275

Sachwortverzeichnis ... 277

1 Einleitung

Heute spielen Datennetze und elektronische Datenbanken eine wichtige Rolle in vielen Bereichen unseres Lebens, auch wenn wir uns dessen gar nicht immer bewußt sind. Von Ereignissen, kaum daß sie geschehen sind, erreichen uns Nachrichten in kurzer Zeit. Elektronische Daten regeln die Devisen- und Aktienkurse; der Computerterminal gibt Auskunft, ob im Flugzeug noch Plätze frei sind. Per Tastendruck kann ein Platz im Zug reserviert werden, und in Sekundenschnelle schickt der Geldautomat die eingetippten Daten an den Bankrechner, bevor er das Geld auszahlt.

1.1 Datenbanken

Die Verwaltung von Daten der unterschiedlichsten Art ist keine Erscheinung der neueren Zeit. Datenverwaltungssysteme hat es in der menschlichen Geschichte viele gegeben, und sie sind keineswegs an den Computer gebunden. Das Sammeln, Sortieren und Speichern von Daten reicht zurück bis an die Anfänge unserer Kultur und ist eng verbunden mit der Herausbildung von Schrift- und Zahlensystemen.

Im Prinzip ist eine Datenbank eine umfangreiche Liste von Daten, die in der Regel aus Buchstaben und/oder Zahlen bestehen. Typische Datenlisten sind Telefonbücher, Adreßverzeichnisse, Lexika, Fahrpläne u.ä. Diese Datenlisten machen den Zugriff auf die gewünschten Informationen möglich, weil sie die Daten nach bestimmten Regeln anordnen. Im Falle des Telefonbuchs gibt es die Liste mit Namen und eine Liste mit Telefonnummern. Beide Listen sind so verknüpft, daß neben dem Namensfeld die Telefonnummer steht. Für die Sortierung maßgebend ist schließlich die alphabetische Auflistung im Namensfeld. Verbreitete Ordnungssysteme sind die alphabetische Sortierung, die Seitennumerierung, Inhaltsverzeichnisse und Stichwortregister.

Als *Elektronische Datenbank* bezeichnet man ein spezielles System der Datenorganisation auf einem Computer. Dabei wird im Deutschen, anders als im Englischen, der Begriff Datenbank sowohl für spezielle Anwenderprogramme, mit denen die Daten verwaltet werden, als auch für die Datensammlungen selbst benutzt.

Eine Datenbank besteht aus der Datensammlung (Database) und dem Anwenderprogramm, dem Data Base Management System (DBMS), mit dessen Hilfe die Daten aufgenommen, weiterverarbeitet, abgespeichert und wieder ausgegeben werden können. Im wesentlichen bestehen Datenbanksysteme aus den Eingaben, dem Verarbeitungsprozeß und der Ausgabe. Daten werden meist über die Tastatur in einen Computer eingegeben. Das jeweilige Programm verarbeitet und speichert sie auf geeigneten Medien wie z.B. Magnetbändern, Disketten oder Compact Disks (CD); schließlich können die abgelegten Informationen aufgerufen und wieder ausgegeben werden.

Das Auffinden von Daten wird als Information-Retrieval (Retrieval: Wiederfinden) bezeichnet. Umfassende Informationssysteme nennt man in der Fachsprache Information Storage and Retrieval (ISAR) Systems, Systeme zum Speichern und Auffinden von Informationen.

Wer heute mit einem PC arbeitet, hat es häufig auch mit Datenbanksystemen zu tun. Verbreitete Datenbanksysteme sind hier Access, Dbase, Oracle oder Paradox.

Mit "line" wird im Englischen die Telefonleitung bezeichnet, und "on line" bedeutet, daß die Verbindung zu einem anderen Telefon hergestellt ist. Wenn man im Zusammenhang mit Computern von "online" spricht, dann meint man damit, daß eine direkte Verbindung zu einem anderen Computer besteht, dabei kann die Verbindung über ein Kabel, das Telefonnetz, ein spezielles Datennetz oder eine Kombination dieser Möglichkeiten hergestellt sein.

Online bedeutet, daß man mit einer Datenquelle direkt verbunden ist und über die bestehende Verbindung ein direkter

Datenaustausch stattfinden kann. Datenbanken, die nicht auf dem eigenen Computer zur Verfügung stehen, nennt man externe Datenbanken, und werden diese in der direkten Verbindung genutzt, bezeichnet man sie als Online-Datenbanken und den Vorgang der Informationsgewinnung als Online-Recherche.

Man unterscheidet zwischen Herstellern von Datenbanken, den Datenbankproduzenten und den Anbietern von Datenbanken. Datenbankanbieter, Datenbankbetreiber oder Online-Dienste genannt, werden auch als Host bezeichnet. Host (engl.: Gastgeber) ist die Bezeichnung für den gastgebenden Rechner, den man als Gast benutzt, um auf die Datenbanken unterschiedlicher Hersteller, die auf ihm beherbergt sind, zugreifen zu können. Für die Informationen der jeweiligen Datenbank ist der Produzent, für das Anwenderprogramm, das die Art und Weise der Informationsabfrage regelt und damit die Benutzerumgebung festlegt, ist der jeweilige Host verantwortlich.

1.2 Kurze Geschichte der Online-Datenbanken

In den 60er Jahren begannen Computer, in Forschungsinstituten, staatlichen Behörden und privaten Betrieben Einzug zu halten.

Mit der Entwicklung von Timesharing-Verfahren seit Anfang der 70er Jahre war es möglich, daß Computer, die in speziellen Rechenzentren untergebracht waren, „gleichzeitig" von mehreren Benutzern (User) für verschiedene Aufgaben in Anspruch genommen werden konnten.

Zwar konnten auch diese Computer nur jeweils eine Aufgabe nach der anderen bewältigen, aber weil die Aufgaben in viele kleine Segmente zerlegt wurden und diese Teilaufgaben so schnell abgearbeitet wurden, daß es erschien, als ob es gleichzeitig geschähe, war es möglich, daß auf demselben Computer die unterschiedlichsten Programme ausgeführt werden konnten.

Weil die Rechnerzeit auf mehrere Benutzter aufgeteilt wurde, nannte man diese Computersysteme auch "Multiuser-" oder "Timesharing-Systeme".

Die Terminals, meist fest mit einer Tastatur verbunden, befanden sich an den Arbeitsplätzen und waren über entsprechende Kabel mit dem Rechenzentrum verbunden. Je größer die Institutionen, desto größer meist auch der räumliche Abstand zwischen dem Arbeitsplatz des jeweiligen Nutzers und dem Rechner. Es handelte sich bereits um örtliche Netzwerke, sog. "Local Area Networks" (LANs), bei denen meist ein Mainframe-Rechner das Zentrum bildete; es waren "Inhouse"-Systeme, die für den internen Gebrauch konzipiert und räumlich begrenzt waren und nur den Mitarbeitern der jeweiligen Institution zur Verfügung standen.

Mit der Entwicklung der technischen Möglichkeit, einen Terminal auch über das Telefonnetz mit einem Rechner verbinden zu können, entfiel die räumliche Beschränkung. Es entstanden Unternehmen, die Rechnerzeit vermieteten, meist an kleine und mittlere Firmen, die sich keinen eigenen Computer leisten konnten. CompuServe, heute einer der weltgrößten Online-Dienste, wurde 1969 als Time-Sharing Unternehmen unter dem Namen „Compu-Serv Network, Inc." gegründet.

Viele der heute existierenden Hosts begannen als Inhouse-Informationssysteme; sie waren meist bei Institutionen angesiedelt, die über ausreichendes Geld und über einen großen Informationsbedarf verfügten. Das war zum einen im Bereich der Luft- und Raumfahrt-Forschung - man denke nur an das Mondlandeprogramm Ende der 60er Jahre - zum anderen in der Medizin der Fall.

Dialog war der Name des Informations-Retrieval Systems beim Flugzeughersteller Lockheed, dessen Daten seit 1972 auch kommerziell zur Verfügung gestellt wurden.

Die National Aeronautics and Space Administration (NASA), die Atomic Energy Commission und die National Science Foundation entwickelten umfangreiche Datenbanken. Mitte der 60er Jahre wurde zwischen der NASA und der ESRO, der Vorläuferin der Europäischen Weltraumbehörde, der European Space Agency (ESA), ein Abkommen über den Informationsaustausch geschlossen, und im Rahmen eines Inhouse-Dienstes wurde der Zugang zur NASA-Datenbank ermöglicht. Eine Standleitung nach Darmstadt stellte die Verbindung zur deutschen Niederlassung der ESA, dem European Space Operation Centre, her. Erstmals 1972 wurden vom Information Retrieval Service (IRS) der ESA, die heute den Host ESA-IRS betreibt, Datenbanken online angeboten.

Das Deutsche Institut für medizinische Information und Dokumentation (DIMDI), 1969 gegründet, benutzte für seine Recherchen die Daten der National Library of Medicine (NLM) zunächst im Stapelbetrieb. Ab 1973 verfügte DIMDI über eine Time-Sharing Anlage vom Typ Siemens 4004-151, die, mit einem Arbeitsspeicher von 1 MB ausgerüstet, bis zu 121 Nutzer gleichzeitig bedienen konnte. Ab 1974 standen hier die Daten der NLM online zur Recherche zur Verfügung.

Die NLM selber hatte in den USA bereits 1972 mit dem Online Betrieb begonnen. Die New York Times bot 1973 ihre Artikel für 1350 Dollar pro Monat an, und im selben Jahr wurde Lexis, der erste kommerzielle Online-Dienst für Rechtsfragen, gegründet.

1976 gab es in der Bundesrepublik rd. 45.000 über Postleitungen verbundene Datenstationen, und ab August 1977 wurde der Datenverkehr zwischen Datenstationen im Bereich der Bundesrepublik und den amerikanischen Datennetzen Telenet und Tymnet eröffnet. Damit war der Zugriff auf die Hosts wie Dialog und System Development Corporation (SDC) - später wurde daraus Orbit - möglich. Die Übertragungsgeschwindigkeit lag damals bei 300 Bit/s.

Die Entwicklung und Verbreitung des Micro-Computers in den 70er und 80er Jahren und die Errichtung öffentlicher internationaler Datennetze machten es in großem Umfang möglich, Datenbanken online zu nutzen. Für die Betreiber der intern genutzten Datenbanken eröffnete sich damit die

Möglichkeit, die Nutzung ihrer Datenbanken öffentlich zu vermarkten.

1979 gab es weltweit 59 Datenbankanbieter, die 300 unterschiedliche Datenbanken anboten, darunter der 1978 gegründete Host GBI (Gesellschaft für Betriebswirtschaftliche Information), dessen Schwerpunkt deutschsprachige Wirtschaftsinformationen bilden. Die ersten Datenbanken, die GBI anbot, waren Hoppenstedts Unternehmensdatenbank und ein betriebswirtschaftliches Informationssystem namens BLISS.

In Europa wurde ab 1974 im Rahmen eines Aktionsplans für wissenschaftliche und technische Information und Dokumentation unter dem Namen EURONET DIANE ein Datennetz für Wissenschaft und Technik aufgebaut, das 1980 offiziell eingeweiht wurde. Über EURONET waren die beteiligten Mitgliedsländer der Europäischen Union miteinander verbunden. Gleichzeitig wurde der Aufbau von paketvermittelnden Datennetzen in den einzelnen Mitgliedsländern betrieben.

In der Bundesrepublik wurde 1981 das öffentliche Datennetz Datex-P in Betrieb genommen, und 1984, als die an EURONET angeschlossenen europäischen Mitgliedsländer Paketvermittlungsnetze aufgebaut hatten, wurde EURONET eingestellt.

1.3 Fachinformationspolitik

1.3.1 Von der Information und Dokumentation zur Fachinformation

In der Bundesrepublik Deutschland wurde die Diskussion darüber, wie man die schnell wachsende Publikationsmenge im Bereich der Wissenschaften in Zukunft bewältigen könne, u.a. durch den Weinberg-Report in den USA und ein Gutachten des Bundesrechnungshofes ausgelöst, das „die Verschwendung öffentlicher Gelder durch das Nicht-Registrieren (-Können) des schon erarbeiteten Wissens auf allen Gebieten der Wirtschaft, Politik, Verwaltung und Wirtschaft"[1] als zu kostspielig kritisierte. Abhilfe sollte ein funktionierendes Dokumentationswesen schaffen.

1966 fand in Loccum ein „Symposium über Probleme der Dokumentation"[2] statt, auf dem Wissenschaftler unterschiedlicher Fachrichtungen über die Probleme der wachsenden Publikationsmenge und Strategien zu ihrer Bewältigung diskutierten. Von Seiten des Bundesministeriums für wissenschaftliche Forschung wurden 20 „Leitsätze für eine nationale Dokumentations- und Informationspolitik im Bereich der Wissenschaft und Technik" vorgelegt, in denen als eine Hauptaufgabe für die nächsten Jahre der Aufbau eines integrierten, nationalen Dokumentationssystems genannt wurde.

Die staatlichen Bemühungen um eine Informations- und Dokumentations- (IuD-) Politik setzten sich in den 70er Jahren im „Programm der Bundesregierung zur Förderung der Information und Dokumentation (IuD-Programm) 1974-1977"[3] fort. Das Ziel des Programms war es, 20 Fachinformationszentren (FIZ) zu sämtlichen Forschungs-, Wissens- und Fachgebieten zu errichten. Ausgangspunkte sollten hierbei die bestehenden Einrichtungen sein.

---

[1] Kuhlen, Rainer, „Information in der informierten Gesellschaft. Politische, ökonomische und technische Rahmenbedingungen", in: Gewerkschaftliche Monatshefte, Vol. 38, 1987, Nr. 6, S. 343.

[2] Symposium über Probleme der Dokumentation. Niederschrift über die Dokumentationsgespräche in der Evangelischen Akademie Loccum (Hann.) vom 11. bis 14. Februar 1966. Hrsg. von der Deutschen Gesellschaft für Dokumentation e.V. Beiheft Nr. 15/1966 der Nachrichten für Dokumentation und Loccumer Protokolle 1966 Nr. 2. Frankfurt/Main 1966.

[3] Programm der Bundesregierung zur Förderung der Information und Dokumentation (IuD-Programm) 1974-1977. Hrsg. vom Bundesminister für Forschung und Technologie. Bonn 1975.

In den 80er Jahren wurde die IuD-Politik vom Bundesministerium für Forschung und Technologie (BMFT) dann als Fachinformationspolitik fortgesetzt, zunächst mit dem Leistungsplan Fachinformation 1982-1984[4] und dann mit den Fachinformationsprogrammen 1985-1988[5] und 1990-1994.[6]

Im Rahmen dieser Programme wurden Aufbau und Förderung der FIZ fortgesetzt, deren Aufgabe darin bestehen sollte, in ihren Wissens- und Fachgebieten Datenbanken zu produzieren und anzubieten. Von den ursprünglich geplanten 20 FIZ waren 1992 schließlich 15 aktiv.

Im Zuge einer stärkeren Ökonomisierung der Fachinformation wurde der Aufbau einiger der geplanten FIZ wie z.B. der des FIZ 14 (Geisteswissenschaften), zu dem auch die Geschichtswissenschaften gehörten, Anfang der 80er Jahre eingestellt.
Von diesen 15 FIZ wurden 1992 434 Datenbanken angeboten, darunter die Aushängeschilder der deutschen Fachinformationspolitik - die Datenbanken Beilstein und Gmelin, Faktensammlungen aus dem Bereich der organischen und anorganischen Chemie.

---

[4] Bundesminister für Forschung und Technologie - Leistungsplan Fachinformation. Planperiode 1982-1984. Hrsg. vom Bundesminister für Forschung und Technologie. Bonn 1982.

[5] Fachinformationsprogramm der Bundesregierung 1985-1988. Hrsg. vom Bundesminister für Forschung und Technologie. Bonn 1985.

[6] Fachinformationsprogramm der Bundesregierung 1990-1994. Hrsg. vom Bundesminister für Forschung und Technologie. Bonn 1991; Zwischenbilanz 1992 zum Fachinformationsprogramm der Bundesregierung 1990-1994. Hrsg. vom Bundesminister für Forschung und Technologie. Bonn 1993.

Tabelle 1-1: Von der Bundesregierung geförderte Fachinformationseinrichtungen 1992

Fachinformationseinrichtungen	Zahl der Datenbanken	Zahl der Recherchen	Finanzierung in % durch	Kostendeckung in %
FIZ Chemie	24	92.000	50:50 Bund/Länder	61,6
FIZ Karlsruhe	148	521.000	85:15 Bund/Länder	41,9
GEOFIZ[7]	3	2.000	87,5:12,5 Bund/Niedersachsen	14,3
FIZ Technik	100	130.000	Bund/Mitglieder	53,7
DITR[8]	3	12.000	Bund/DIN[9]	87,1
IRB[10]	15	15.000	90:10 Bund/Länder	34,4
IZ Sozialwissenschaften	2	8.400	80:20 Bund/Länder	4,0
DIMDI[11]	88	288.000	Bund	46,2

[7] Informationszentrum Rohstoffgewinnung, Geowissenschaften, Wasserwirtschaft

[8] Deutsches Informationszentrum für technische Regeln; Literaturdatenbank technische Regeln

[9] Deutsches Institut für Normung

[10] Informationszentrum RAUM und BAU der Fraunhofer Gesellschaft

[11] Deutsches Informationszentrum für medizinische Dokumentation und Information

ZADI[12]	12	s.DIMDI	Bund	-
BISP[13]	3	1.500	Bund	-
UBA/UMPLIS[14]	9	78.474	Bund	-
ZIV[15]	8	1.300	80:20 Bund/ Länder	0,5
JURIS[16]	16	210.000	Bund	103,7
STATIS-BUND[17]	1	163.000	Bund	-
FIZ Internationale Beziehungen/ Länderkunde	2	-	Bund/Mitglieder	-
Gesamt	434	1.522.674		49,3

(Quelle: Zwischenbilanz 1992, S.15)

Mit Unterstützung des BMFT und der Kommission der Europäischen Gemeinschaften wurden außerdem die beiden deutschen Patentdatenbanken PATDPA (Deutsches Patentamt/FIZ Karlsruhe) und PATOS (Bertelsmann/Wila) geschaffen. Das Rechtsinformationssystem JURIS wurde mit Beteiligung des Bundes 1986 gegründet, und mit STN-International (The **S**cientific and **T**echnical Information **N**etwork) wurde ein internationaler Host für wissenschaftlich-technische Informationen von dem FIZ-Karlsruhe, dem Chemical Abstract Service (Columbus, Ohio) und dem Japan Information Center for Science and Technology (Tokio) aufgebaut.

---

[12] Zentralstelle für Agrardokumentation und -information

[13] Bundesinstitut für Sportwissenschaft

[14] Umweltbundesamt und Informations- und Dokumentationssytem Umwelt

[15] Zentrale Informationsstelle für Verkehr

[16] Juristisches Informationssystem für die Bundesrepublik Deutschland

[17] Statistisches Informationssystem des Bundes

Daneben betätigen sich DIMDI in Köln, das FIZ Technik im Verbund mit dem Host Data-Star in der Schweiz und das Statistische Bundesamt mit STATIS-BUND als Datenbankanbieter.

Tabelle 1-2: Hosts, die von FIZ oder unter ihrer Beteiligung betrieben werden, mit Anzahl der vergebenen Paßwörter

	1988	1989	1990	1991	1992
FIZ Karlsruhe/STN	7.093	8.397	10.330	12.425	14.670
DIMDI	2.133	2.526	2.867	3.067	3.116
FIZ-Technik	1.304	1.755	2.073	2.417	2.850
JURIS	1.150	2.000	2.150	2.300	2.500
STATIS-BUND	k.A.	k.A.	k.A.	k.A.	k.A.
Gesamt:	11.680	14.678	17.420	20.209	23.136

(Quelle: Zwischenbilanz S. 62)

Im Rahmen der Fachinformationspolitik fand außerdem der Auf- und Ausbau von Informationsvermittlungsstellen (IVS) statt. In Staats- und Universitätsbibliotheken und wissenschaftlichen Einrichtungen wurden IVS eingerichtet, bei denen Recherchen in Online-Datenbanken Auftrag geben können. Insgesamt wuchs die Zahl der IVS in öffentlichen Forschungs- und Wissenschaftseinrichtungen von 133 (1989) auf 199 (1991). Zusammen mit privaten Dienstleistungsunternehmen und wirtschaftsnahen Infrastruktureinrichtungen erreichte die Zahl der IVS 1991 470 (1989: 335).

1.3.2 Das Fachinformationsprogramm der Bundesregierung 1990-1994

Im Fachinformationsprogramm 1990-1994 wird der Bereich der elektronischen Datenbanken unter den Oberbegriff der Fachinformation eingeordnet. Fachinformation wird definiert als das Wissen, "das für die Bewältigung fachlicher Aufgaben im Beruf, in Wissenschaft und Forschung, in Wirtschaft und Staat benötigt wird."[18]

In dem Programm wird bemängelt, daß "Wirtschaft und Staat, Wissenschaftler in Forschung und Hochschulen über das internationale Angebot an Fachinformationen in Datenbanken nicht immer hinreichend informiert" sind und das vorhandene Angebot nur sehr unzureichend genutzt werde. "Die Folge sind hohe Kosten für die Volkswirtschaft durch einen unwirtschaftlichen Suchprozeß und durch ein nicht ausgeschöpftes Potential an vorhandenem, aber nicht genutztem Wissen."[19]

"Erst die neuen Verfahren der Informationstechnik ermöglichen eine sinnvolle Erschließung der exponentiell wachsenden Menge an Forschungsergebnissen. Sie eröffnen auch die Chance, die verschiedenen Wissensgebiete wieder überschaubar zu machen und Synergieeffekte zwischen ihnen zu fördern."[20]

Der optimalen "Erschließung und Bereitstellung einmal erarbeiteten Wissens für eine weitere Nutzung in Wissenschaft, Wirtschaft und Staat" komme eine Schlüsselrolle zu. "Die Bundesregierung hält es angesichts dieser Situation für erforderlich, daß die Nutzung von zentralen und dezentralen Fachinformationssystemen in Hochschulen und Forschungseinrichtungen in den nächsten Jahren mit den folgenden zwei Zielrichtungen signifikant gesteigert wird:

- den Umgang mit elektronischer Fachinformation in Lehre und Ausbildung der Hochschulen einzubeziehen; Ziel muß sein, die Absolventen auch in dieser Hinsicht zu qualifizieren und ihnen die Fähigkeit zu geben, elektronische Fachinformation auch bei der Ausübung ihres Berufes in Wirtschaft, Wissenschaft und Staat zu nutzen.

---

[18] Fachinformationsprogramm 1990-1994, S.5.

[19] Ebenda, S.7.

[20] Ebenda, S.9.

- Qualität und Effizienz der wissenschaftlichen Arbeit in den Hochschulen und Forschungseinrichtungen zu steigern sowie den Know-how-Transfer zwischen den verschiedenen Hochschulen und Forschungseinrichtungen aber auch zwischen Hochschulen, Forschung und Wirtschaft zu verbessern."[21]

"Ein wesentliches Element eines jeden wissenschaftlichen Studiums und der wissenschaftlichen Tätigkeit in Hochschulen, aber auch im FuE-Bereich der Unternehmen, ist der qualifizierte Umgang mit der Fachliteratur. Hierzu wird in Zukunft neben den konventionellen Methoden des Bibliographierens auch die gezielte Suche nach Veröffentlichungen und Fakten in elektronischen Informationsspeichern gehören. Die systematische Nutzung elektronischer Fachinformation wird jedoch in der Ausbildung kaum gelehrt; vielfach behindern fehlende organisatorische und finanzielle Voraussetzungen bei den Hoch- und Fachhochschulen die Aktivitäten zur Aus- und Fortbildung im Bereich der Fachinformation und damit gleichzeitig eine stärkere Nutzung der elektronischen Fachinformation."[22]

Nach einer Anschubfinanzierung durch den Staat sollten Produzenten und Anbieter kostendeckend arbeiten. 1992 lag der Kostendeckungsgrad der geförderten Fachinformationseinrichtungen bei rd. 50%. (1990: 44%). Für die Förderung der Fachinformation, wozu Subventionen für Fachinformationseinrichtungen, für wissenschaftliche Bibliotheken und die Produktion von Datenbanken gehören, wurden in den Jahren 1990 bis 1994 rd. 2 Mrd. DM, also pro Jahr rd. 400 Mio. DM ausgegeben.

1.4 Online-Markt

Wenn von elektronischen Datenbanken die Rede ist, unterscheidet man zwischen Online-Datenbanken und Portablen

---

[21] Ebenda, S.35.

[22] Ebenda, S.51. FuE: Forschung und Entwicklung.

Datenbanken. Online-Datenbanken sind erreichbar per Telefonleitung, ISDN, Datex-P, Internet oder andere Datennetze, während Portable Datenbanken auf CD-ROM, Disketten, Wechselplatten, Magnetbändern oder anderen transportierbaren Datenträgern vorliegen.

Bezogen auf die Form, wie Informationen in Online-Datenbanken repräsentiert werden, lassen sich folgende Datenbanken (DB) unterscheiden:

- textorientierte DB;
- zahlenorientierte DB;
- DB mit Bildern und Videos;
- DB mit Tönen;
- Software DB;
- Elektronische Dienste.

Zu textorientierten DB zählen bibliographische DB, Verzeichnisse, Patente, Lexika und Volltext-DB; zahlenorientierte DB sind vor allem Statistiken. In audiovisuellen DB (Bilder/Videos und Töne) sind akustische und visuelle Informationen in den entsprechenden Datenformaten aufbereitet, während in Software DB Computerprogramme selbst, nicht nur ihre Beschreibung, zur Verfügung stehen.

Elektronische Dienste ist der Oberbegriff für so unterschiedliche elektronische Systeme wie E-Mail (Elektronische Post), Mailboxen, Bulletin Board Systems, Realtime Informations- und Transaktionssysteme. Hier werden ebenfalls fremde Rechner in direkter Verbindung genutzt, sei es um Mitteilungen in Bulletin Board Systems auszutauschen, Nachrichten und Aktienkurse durch Realtime Informationssysteme zu erhalten oder Reisebuchungen und Geldüberweisungen durch elektronische Transaktionssysteme zu tätigen.

Online-Datenbanken lassen sich außerdem nach ihrem Verhältnis zu den Informationen, die sie wiedergeben, in Referenz- und Quellendatenbanken einteilen. Referenzdatenbanken enthalten Informationen über eine Primärquelle, z.B. ein

Buch oder einen Artikel, während Quellendatenbanken die Primärinformationen, z.B. Zahlen, Fakten, Artikel, enthalten.

Zu den Referenzdatenbanken zählen vor allem die bibliographischen Datenbanken, während Volltext- und Faktendatenbanken zu den Quellendatenbanken gezählt werden.

Die 64 großen amerikanischen Online Dienste hatten im Herbst 1995 9,85 Mio. Kunden (Juni ´95: 8.556.800 Kunden) weltweit.

Tabelle 1-3: Die großen amerikanischen Online-Dienste 1995

Online Dienste	**Mitglieder (weltweit)**
America Online	3.800.000
CompuServe	3.540.000
Prodigy	1.720.000
Microsoft Network	200.000
Delphi	125.000
eWorld	115.000

(Quelle: Information & Interactive Services Report (IISR), 3.Quartal 1995.)

Ende 1993 lag die Gesamtzahl aller angebotenen Datenbanken bei 8512, davon wurden 5569 (65%) von über 800 Hosts online angeboten.

Bezogen auf die abgedeckten Fachgebiete entfielen 1993 33% auf Wirtschafts- und Finanzinformationen, 19% auf Naturwissenschaften und Technik, 12% auf Rechtsinformationen, 9% auf Allgemeines, 9% auf Gesundheit und Medizin, 6% auf Sozialwissenschaften, 4% auf Nachrichten und 4% auf Geisteswissenschaften; 3% waren multidisziplinär.

Tabelle 1-4: Datenbanken nach Medien bzw. Zugang 1989-1993

	1989		1990		1992		1993	
Medium	Anzahl	Titel	Anzahl	Titel	Anzahl	Titel	Anzahl	Titel
Online	3524	2711	4018	3041	5486	4519	5564	5569
CD-ROM	433	333	715	541	1321	1088	1648	1360
Diskette	478	368	626	474	676	557	781	645
Magnetband	787	605	906	686	584	481	600	495
Sonstiges	999	769	1252	948	428	353	538	443
Gesamt	6221	4786	7517	5690	8495	6998	9131	8512

(Quelle: Williams, Martha E., „The State of Databases Today: 1993", in: Gale Directory of Databases. Volume 1: Online Databases. Detroit, Washington, London 1993, S. XXV; ders., „The State of Databases Today: 1994", in: Gale Directory of Databases. Volume 1: Online Databases. January 1994. Detroit, Washington, London 1994, S.XXVII.)

Bezogen auf die Herstellerländer kamen 1993 von den 7538 unterschiedlichen Datenbanken, die entweder online oder auf anderen Datenträgern zur Verfügung standen (ohne Doppelzählungen), 5094 (67%) aller Datenbanken aus Nordamerika, davon 480 (6%) aus Kanada, und rd. 1938 (26%) aus Westeuropa; davon aus Großbritannien 641 (9%), aus Deutschland 342 (5%) und aus Frankreich 288 (4%).

Tabelle 1-5: Datenbanken nach Herstellerregionen 1991 bis 1993

	1991 Anzahl	%	**1992 Anzahl**	%	**1993 Anzahl**	%
Afrika	7	0,11	7	0,10	10	0,13
Asien	28	0,45	25	0,36	36	0,48
Ferner Osten	155	2,48	171	2,44	164	2,18
Australien	119	1,90	161	2,30	189	2,51
Ost-Europa	11	0,18	12	0,17	82	1,09
West-Europa	1473	23,53	1838	26,26	1938	25,71
Nord-Amerika	4424	70,66	4768	68,13	5094	67,58
Süd-Amerika	44	0,70	16	0,23	25	0,33
Gesamt	**6261**	**100**	**6998**	**100**	**7538**	**100**

(Quelle: Williams, „The State of Databases Today: 1994“, S. XXVI)

2 Datennetze

Bevor man auf einen fremden Computer zugreifen kann, in der Fachsprache nennt man diesen Vorgang „Remote Login", muß man eine Verbindung zu ihm herstellen. Verbindungen können über direkte Verbindungskabel, die Telefonleitung oder Datennetze hergestellt werden.

Man kann 2 Computer über die serielle oder parallele Schnittstelle mit Hilfe von Kabeln und mit Hilfe spezieller Programme, wie sie z.B. mit dem Programm „Laplink" zur Verfügung stehen, verbinden und Daten übertragen. Man kann mit Hilfe von Modems über die Telefonleitung zwischen Computern Verbindungen herstellen, oder man kann innerhalb eines lokalen Netzwerkes über Ethernet oder Token Ring mit anderen Rechnern kommunizieren.

Möglich ist es auch, aus lokalen Netzwerken über spezielle Verbindungseinrichtungen, wie Bridges und Router, mit anderen LANs oder größeren Wide Area Networks (WAN) zu kommunizieren. Der Möglichkeiten und Kombinationen sind kaum noch Grenzen gesetzt, aber hier ist nicht der Platz, all diese darzustellen.

Die Entscheidung darüber, wie man mit einem anderen Computer kommuniziert, hängt davon ab, wie weit die Computer voneinander entfernt sind und mit welchen Übertragungsmedien und Datennetzen sie verbunden sind.

Die Telefonleitung hat sich als eines der wichtigsten Übertragungsmedien erwiesen, weil das Telefonnetz das dichteste, verbreitetste und am leichtesten zu erreichende Netz ist. Der eigene Computer, der mit einem Modem verbunden ist, kann einen anderen Computer, der ebenfalls über ein Modem mit dem Telefonnetz verbunden ist, anrufen und Daten austauschen. Solange ein solcher Anruf zum Ortstarif möglich ist, kann man diesen Weg wählen. Doch wenn ein Ferngespräch, womöglich sogar ins Ausland, nötig ist, um einen anderen Computer zu erreichen, dann wird das auf die Dauer recht teuer. Deshalb gibt es für die Datenkommunikation spezielle Datennetze. Diese Netze erreicht man, indem der eigene Computer per Telefonleitung zunächst einen Zugangsknoten zu einem solchen Datennetz anwählt und dann die Verbindung zum anderen Rechner herstellt.

Ähnlich dem Telefonnetz gibt es ein öffentliches Datennetz, über das sowohl nationale als auch internationale Verbindungen hergestellt werden können. Daneben bestehen Datennetze, die Computer vor allem aus dem Bereich Wissenschaft und Forschung verbinden, und es existieren kommerzielle Online-Dienste, die über eigene Datennetze verfügen. Außerdem sind zahlreiche Datennetze unterschiedlicher Art und Größe in privaten und öffentlichen Einrichtungen vorhanden.

2.1 Datex-P

Eines der öffentlichen Datennetze der Bundesrepublik neben Datex-L ist das Datex-P-Netz. „Datex“ ist die Abkürzung für „Data exchange“ (Datenaustausch), und das „P“ steht für „packet-switched“ (paketvermittelt). Während bei Datex-L, „L“ steht für leitungsvermittelt, für die Dauer einer Verbindung eine Leitung durchgeschaltet wird, wie das auch beim Telefonieren geschieht, werden bei Datex-P die Daten paketvermittelt versandt.

Paketvermittlung bedeutet, daß die Daten, zunächst zu Datenpaketen verpackt und dann auf den gerade verfügbaren freien Leitungen übertragen werden. Die Datenpakete, es handelt sich um Segmente von 64 Byte, werden schließlich beim Empfänger in der markierten Reihenfolge, unabhängig davon, wann sie angekommen sind, zusammengesetzt. Auf diese Weise werden Übertragungskapazitäten nur genutzt, wenn tatsächlich Daten übertragen werden. Weil die Daten in hoher Geschwindigkeit mit 64 Kbit/s übertragen werden, entsteht beim Benutzer der Eindruck, daß er mit einem anderen Rechner „verbunden“ ist.

Tabelle 2-1: Datex-P-Dienste der Telekom

Datex-P10 H (Hauptanschluß)	Zugang für synchron arbeitende Endgeräte mit Geschwindigkeiten von 1200 bit/s bis 64kbit/s.
Datex- P 10 F	Zugang aus dem analogen Telefonnetz für synchron und paketorientiert arbeitende Endgeräte, die keine PAD benötigen.
Datex-P 20 H (Hauptanschluß)	Zugang für asynchrone Endgeräte mit einer festen Verbindung zur PAD, die Übertragunsggeschwindigkeiten liegen zwischen 300 bit/s und 2400 bit/s.
Datex-P 20 F (Multifunktions-zugang)	Zugang zum Datex-P-Netz aus dem analogen Fernsprechnetz. Der Zugang zur PAD erfolgt über örtliche Einwählknoten bei Geschwindigkeiten von bis zu 23 kbit/s.
Datex-P 20 I (ISDN)	Zugang zum Datex-P Netz aus dem digitalen Fernsprechnetz ISDN. Der Zugang erfolgt über ein spezielles Verbindungsunterstützungssystem (VU-S) mit ISDN/Datex-P-Umsetzer (IPU), die Geschwindigkeiten zwischen ISDN (64 kbit/s) und PAD werden durch Bitratenadaption nach V.110 angepaßt. Zur Zeit werden hier 9.6 kbit/s erreicht, angestrebt sind 19.2 kbit/s.
Geplant sind die Dienste Datex-P 10 ID und Datex-P 10 IB für die Kommunikation von synchron arbeitenden Endgeräten über den D-Kanal (Datex-P 10 ID) und den B-Kanal (Datex-P 10 IB) des ISDN.	

Das Protokoll, das die Übertragung im paketvermittelten Datennetz regelt, trägt die Bezeichnung X.25, man spricht deshalb auch von X.25-Netzen. Für die Nutzung von Datex-P bietet die Telekom unterschiedliche Modalitäten und Tarife an. Grundsätzlich wird unterschieden zwischen Datex-P 10 und Datex-P 20 Zugängen. 10er Zugänge sind für synchron arbeitende Terminals, die entsprechend der CCITT[1]-Empfehlung X.25 arbeiten, und 20er Zugänge sind solche für asynchron arbeitende Terminals, wie es z.B. PCs sind. Asynchrone Geräte brauchen eine spezielle Anpassungseinrichtung, die PAD („Packet Assembly/Disassemly Facility"), die die Daten ent- und verpackt und die unterschiedlichen Übertragungsgeschwindigkeiten anpaßt. Sie arbeitet nach dem X.28-Protokoll der CCITT-Empfehlung.

ISDN:	Integrated Services Digital Network (Dienste integrierendes digitales Fernmeldenetz). Die Übertragungsgeschwindigkeit beträgt 64 kbit/s.
Byte:	Eine Folge von 8 Bits, entspricht einem Zeichen.
Bit/s:	Bit pro Sekunde (auch Bps)
Kbit/s:	Kilobit pro Sekunde (Tausender)
Mbit/s:	Megabit pro Sekunde (Millionen)
Gbit/s:	Gigabit pro Sekunde (Millarden)

Für den privaten Nutzer, der gelegentlich Datex-P für seine Recherchen benutzen möchte, sind Datex-P 20F und Datex-P 20I, je nachdem, ob man über einen ISDN-Anschluß verfügt oder nicht, die einfachsten und preiswertesten Lösungen. Über die Telefonleitung wird der nächstgelegene Einwählknoten angewählt; dort erreicht man zunächst die PAD oder beim ISDN die vorgeschaltete VU-S/IPU-Einrichtung[2]. Die

[1] CCITT: Comité Consultatif International Télégraphique et Téléphonique; interntionales Gremium, das Standards in der Telekommunikation festlegt.

[2] VU-S /IPU: **V**erbindungs**u**nterstützungs**s**ystem/**I**SDN-Datex-**P**-**U**msetzer.

Einstellung der PAD richtet sich nach dem angewählten Rechner, so daß man sich über diese technischen Details keine weiteren Gedanken machen muß.

Um Datex-P20F bzw. Datex-P 20I nutzen zu können, braucht man eine Benutzerkennung, die sog. „Network User Identification" (NUI), die man gegen eine einmalige Bereitstellungsgebühr und eine monatliche Grundgebühr bei der Telekom erhält. Antragsformulare gibt es bei den Geschäftskundenabteilungen der örtlichen Fernmeldeämter. Für welchen der vorhandenen Datex-P-Dienste man sich entscheidet, hängt davon ab, in welchem Umfang, wie häufig und mit welchen Geräten man Daten senden und empfangen will. Aktuelle Informationen zu Datex-P sowie die Kennziffern ausländischer Netze finden sich in: T-Online (*2000034014#)

Tabelle 2-2: Datex-P Einwählknoten (Stand Sept. 1995)

Ort	Vorwahl	P20F	P20I	P10F
Aachen	0241	19553	9100190	
Ansbach	0981	19553		
Aschaffenburg	06021	19553		
Augsburg	0821	19553	246770	19556
Bad Homburg	06172	19553		
Bad Kreuznach	0671	19553		
Bad Soden	06196	19553		
Baden-Baden	07221	19553		
Bamberg	0951	19553		
Bayreuth	0921	19553		
Berlin	030	19553	21500930	19556
Bielefeld	0521	19553	590910	19556
Böblingen	07031	19553		
Bochum	0234	19553		
Bonn	0228	19553		

Braunschweig	0531	19553	2400880	
Bremen	0421	19553	1670880	19556
Bremerhaven	0471	19553		
Celle	05141	19553		
Chemnitz	0371	19553	19556	
Cottbus	0355	19553		
Darmstadt	06151	19553	338000	
Deggendorf	0991	19553		
Dieburg	06071	19553		
Dortmund	0231	19553	9121800	19556
Dresden	0351	19553	19556	
Duisburg	0203	19553		
Düren	02421	19553		
Düsseldorf	0211	19553	1337490	19556
Elmshorn	04121	19553		
Erfurt	0361	19553		
Erlangen	09131	19553		
Essen	0201	19553	2431720	19556
Flensburg	0461	19553		
Frankfurt/Main	069	19553	92081350	19556
Frankfurt/Oder	0335	19553		
Gelsenkirchen	0209	19553		
Gera	0365	19553		
Gießen	0641	19553	9701000	
Goslar	05321	19553		
Göppingen	07161	19553		
Göttingen	0551	19553		

Gummersbach	02261	19553		
Gütersloh	05241	19553		
Hagen	02331	19553		
Halle/Saale	0345	19553		
Hamburg	040	19553	195540	19556
Hameln	05151	19553		
Hanau	06181	19553		
Hannover	0511	19553	5440210	19556
Heide	0481	19553		
Heidelberg	06221	19553		
Heilbronn	07131	19553		
Herford	05221	19553		
Hildesheim	05121	19553		
Itzehoe	04821	19553		
Kaiserslautern	0631	19553	3100400	
Karlsruhe	0721	19553	9373030	19556
Kassel	0561	19553	195540	
Kempten	0831	19553	5210730	
Kiel	0431	19553	1491290	
Koblenz	0261	19553	4064540	
Köln	0221	19553	9217120	19556
Konstanz	07531	19553		
Krefeld	02151	19553		
Landshut	0871	19553		
Langenfeld	02173	19553		
Leer	0491	19553		
Leipzig	0341	19553	19556	

Leverkusen	0214	19553		
Lingen	0591	19553	9111290	
Lörrach		07621	19553	
Lübeck	0451	19553		
Lüdenscheid	02351	19553		
Ludwigsburg	07141	19553		
Lüneburg	04131	19553		
Magdeburg	0391	19553		
Mainz	06131	19553		
Mannheim	0621	19553	195540	19556
Marburg	06421	19553		
Memmingen	08331	19553		
Meschede	0291	19553		
Minden	0571	19553		
Mönchengladbach	02161	19553		
München	089	19553	29085110	19556
Münster	0251	19553	4181790	
Neubrandenburg	0395	19553		
Neumünster	04321	19553		
Neuss	02131	19553		
Nürnberg	0911	19553	9663520	19556
Oberhausen	0208	19553		
Offenburg	0781	19553		
Oldenburg	0441	19553	9219600	
Osnabrück	0541	19553		
Paderborn	05251	19553		
Passau	0851	19553	195540	

Pforzheim	07231	19553		
Potsdam	0331	19553		
Ravensburg	0751	19553	195540	
Recklinghausen	02361	19553		
Regensburg	0941	19553	7810360	
Remscheid	02191	19553		
Rendsburg	04331	19553		
Reutlingen	07121	19553		
Rosenheim	08031	19553		
Rostock	0381	19553		
Rottweil	0741	19553	195540	
Saarbrücken	0681	19553	9820400	19556
Salzgitter	05341	19553		
Schwäbisch Hall	0791	19553		
Schweinfurt	09721	19553		
Schwerin	0385	19553		
Siegburg	02241	19553		
Siegen	0271	19553	3359990	
Solingen	0212	19553		
Stuttgart	0711	19553	9508180	19556
Suhl	03681	19553		
Traunstein	0861	19553		
Trier	0651	19553	147160	
Uelzen	0581	19553		
Ulm	0731	19553	195540	
Villingen	07721	19553		
Weiden	0961	19553		

Weilheim	0881	19553		
Wesel	0281	19553		
Wiesbaden	0611	19553	3330000	19556
Wilhelmshaven	04421	19553		
Wolfsburg	05361	19553		
Wuppertal	05361	19553		
Würzburg	0931	19553	3530350	

P20F: Asynchrone Einwahl über das Telefonnetz mit Modem. **P20I**: Asynchrone Einwahl über ISDN mit Bitratenadaption nach V.110. (Die ISDN-Rufnummern enthalten die Endgeräteauswahlziffer (EAZ) 0). **P10F**: Synchrone Einwahl über das Telefonnetz mit Modem.

2.2 Kosten

Die Kosten für die Datex-P-Nutzung sind im wesentlichen entfernungsunabhängig. Im Inland ist es gleich, ob man Verbindungen mit Berlin, München oder Frankfurt herstellt. Es wird eine Volumengebühr für die übertragenen Datenpakete erhoben. Auslandsverbindungen sind in 3 Ländertarife - Europa, USA/Kanda/Japan und übrige Länder - aufgeteilt. 1994 wurde die Tarifstruktur geändert, Anpassungs-, Zugangs- und Zeitgebühren sind entfallen, es wird lediglich die Menge der übertragenen Zeichen berechnet. Die Verrechnungseinheit ist 1 Kbyte (16 Segmente zu 64 Bytes); je größer die übertragenen Datenmengen sind, desto niedriger die Volumengebühren.

Tabelle 2-3: Gebühren im Datendienst Datex-P20F und Datex-P 20I (ohne MWST)

Monatliche Grund- und Mindestgebühr: 20 DM*	
Verbindungspreise Inland	**je Kbyte**
Bis zu 3 Mbyte	7,44 Pf
3 Mbyte bis 10 Mbyte	5,60 Pf
10 Mbyte bis 30 Mbyte	3,84 Pf

30 Mbyte bis 100 Mbyte	2,80 Pf
100 Mbyte bis 300 Mbyte	2,11 Pf
300 Mbyte bis 1000 Mbyte	1,71 Pf
1000 Mbyte bis 10000 Mbyte	1,41 Pf
Über 10.000 Mbyte	1,06 Pf
Verbindungspreise Ausland	**je Kbyte**
Europa	8,00 Pf
USA, Kanada, Japan	14,40 Pf
Übrige Länder	32,00 Pf
*In der monatlichen Grundgebühr von 20 DM, zu der wie bei allen anderen Gebühren 15% MWST hinzukommen, ist ein freies Datenvolumen von 20 DM enthalten. Zu den Datenübertragungsgebühren kommen die Gebühren für die Telefonverbindung zum Datex-P-Einwählknoten hinzu. Weitere Informationen unter T-Online: *20000#	

2.3 Das Internet

Kommunikation wird möglich, wenn die Beteiligten Codes benutzen, die sie verstehen. Menschliche Kommunikation, die sich z.B. der Sprache bedient, basiert auf Regeln, Festlegung und Standardisierungen, die sich in Rechtschreibung, Aussprache, Bedeutungsfestlegungen etc. niedergeschlagen haben. Werden unterschiedliche Sprachen benutzt, findet eine verbale Kommunikation nicht statt. Computer, mit unterschiedlichen Betriebssystemen ausgestattet und durch unterschiedliche Netzwerke miteinander verbunden, haben ergebliche Schwierigkeiten zu überwinden, damit sie miteinander kommunizieren können.

In den 60er und 70er Jahren war die wissenschaftliche Welt von Großrechnern bevölkert, von denen ein Großteil das Firmenschild von IBM trug. Datennetze, die Rechner dieser Art verbinden sollten, hatten andere Probleme zu lösen als heute, wo es um die Vernetzung nicht nur einer zahlenmäßig viel größeren Menge von Computern geht, sondern auch darum, bereits existierende Datennetze miteinander zu verknüpfen.

Das **E**uropean **A**cademic and **R**esearch **N**etwork (EARN) verband 1984 bis 1994 in rd. 40 Ländern Europas, Afrikas und des Mittleren Ostens 600 Institutionen mit rd. 100.000 Nutzern, 40% der Computer waren IBM und 30% DEC-Rechner. Grundlage dieses Netzes war das IBM-RSCS-Protokoll. Das Gegenstück in Amerika und Asien war das BITNET (**B**ecause **I**t´s **T**ime **Net**work).

In den 70er Jahren war es für eine wissenschaftliche Institution wie eine Universität typisch, daß sie über einen oder sogar ein paar Großrechner verfügte. Heute hat sich die Situation verändert. Universitäten verfügen über eigene, Campusweite Netzwerke, die nicht selten von einem Ende der Stadt bis zum anderen reichen. Sie verbinden Institute, Fachbereiche, Abteilungen und Rechenzentren miteinandner. Hier sind Computer unterschiedlicher Art, Generation und Größe integriert. Von MS-DOS über Windows, OS/2, Macintosh bis hin zu Unix sind die unterschiedlichsten Betriebssyteme vertreten, und die unterschiedlichen Netzwerkverbindungen, von Ethernet bis Glasfaser, von Apple Talk bis Novell Netware, vorhanden. Diese unterschiedlichen Computer und Netzwerke gilt es wiederum so zu verknüpfen, daß die Kommunikation untereinander und mit der Außenwelt, d.h. die Verbindung mit anderen Netzwerken möglich wird.

Bei der Lösung dieses Problems haben eine Reihe von Vereinbarungen geholfen, die als **T**ransmission **C**ontrol **P**rotocol, **I**nternet **P**rotocol, abgekürzt als TCP/IP, bekannt geworden sind.

Die hier vereinbarten Regeln und Festlegungen haben eine Kommunikation quer durch unterschiedliche Netze und Betriebssysteme ermöglicht. Dem Netz, das weltweit in wachsendem Maße zahlreiche Netze untereinader verbindet, hat man den Namen Internet gegeben. Der Name beschreibt treffend, um was es sich handelt: die Verbindung zwischen unterschiedlichen Netzen.

Das Internet begann seine Existenz 1969 in den USA als **A**dvanced **R**esearch **P**rojects **A**gency **Net** (ARPANET), einem Experiment der US-Regierung. Es wurde ein paketvermitteltes Datennetz aufgebaut, das 4 Großcomputer miteinander verband. Das Netz war dezentral konzipiert und sollte auch weiterfunktionieren, wenn einer der angeschlossenen Computer ausfallen sollte.

Das ARPANET teilte sich Anfang der 80er Jahre in 2 Netze, das ARPANET für den zivilen und das Milnet für den militärischen Bereich. Das ARPANET wurde dann in DARPA Internet umbenannt, später hieß es einfach nur das Internet. In den Anfangsjahren hatten nur militärische Einrichtung, Zulieferfirmen und Universitäten, die mit Rüstungsaufträgen befaßt waren, Zugang zum ARPANET. Ende der 70er Jahre wurden Netzwerke wie UUCP (**U**nix to **U**nix **C**opy **P**rotocol) und USENET (User´s Network) gegründet, um vor allem Einrichungen aus Forschung und Lehre zu verbinden. 1986 wurde das **N**ational **S**cience **F**oundation **Net**work (NSFNET) gegründet, das regionale und bundesweite akademische Netze verband. Das NSFNET ersetzte das ARPANET, das schließlich 1990 stillgelegt wurde. Das NSFNET, das mit seinen Backbone Verbindungen von 45 Mbit/s die regionalen Zentren miteinander verband, wurde 1995 weitgehend privatisiert.

Das, was heute Internet genannt wird, besteht aus zahllreichen Netzwerken. Im wesentlichen sind in diesem Netz die unterschiedlichen nationalen und internationalen Forschungsnetze zusammengewachsen und werden z.T. seit einigen Jahren um kommerzielle Netze wie das Firmennetzwerk von IBM oder Online-Dienste wie CompuServe, America-Online und T-Online ergänzt.
In der Bundesrepublik wird vom Verein zur Förderung eines **D**eutschen **F**orschungs**n**etzes (DFN-Verein) das Wissenschaftsnetz (WIN) betrieben, das die über 300 wissenschaftliche Einrichungen und Universitäten in der Bundesrepublik miteinander verbindet.

Bild 2-1: Netzknoten und Backbones des Wissenschafts-Netzes

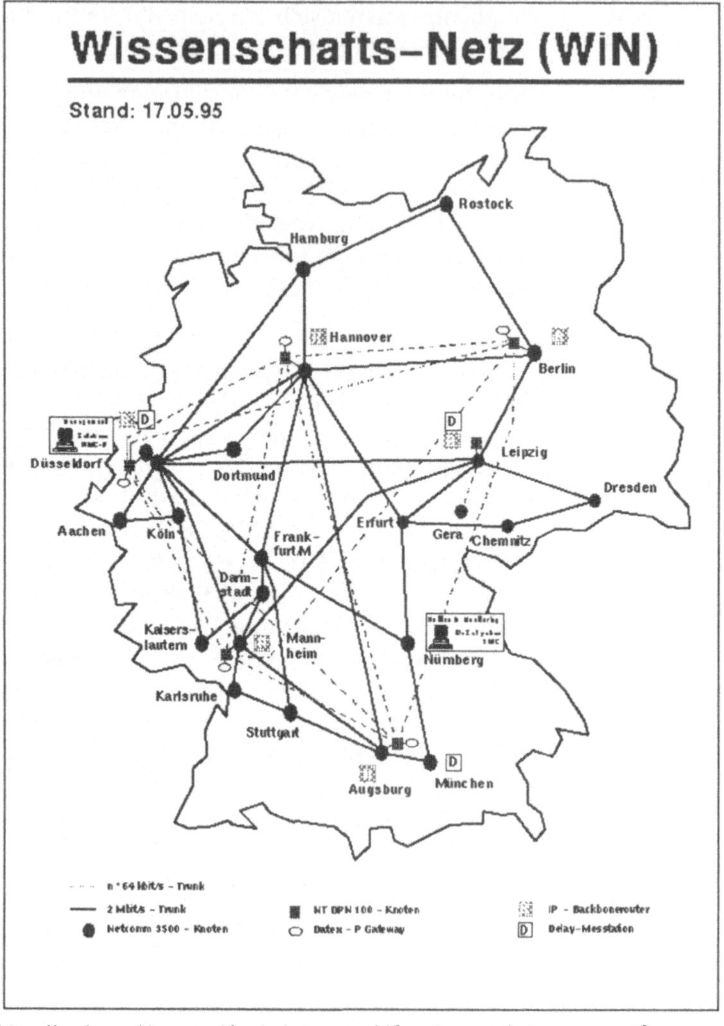

(Quelle: http://www.dfn.de/pictures/dfn-pictures/win-status.gif)

Das WIN ist ein X.25 Netz, die Daten werden paketvermittelt übertragen; und es ist ein Netz, auf dem unterschiedliche Protokolle zur Verfügung stehen, so daß es zum einen Übergänge ins Datex-P-Netz gibt, zum anderen stehen über das

Netz die Internet-Protokolle und die darauf basierenden Internet-Dienste zur Verfügung. Die maximale Geschwindigkeit, mit der Daten übertragen werden, liegt bei 2 Mbit/s. Neben dem DFN-Verein sind die anderen beiden großen Anbieter von Internet-Diensten in Deutschland, die EUNET GmbH und die NTG/Xlink; beide haben sich in den letzten Jahren aus dem universitäten Umfeld gelöst und als private Netzanbieter etabliert. Die Verwaltung der Domain Deutschland wird bis 1996 vom Rechenzentrum der Universität Karlsruhe ausgeübt. Das **D**eutsche **N**etwork **I**nformation **C**enter (DE-NIC) in Karlsruhe registriert neue Nutzer und vergibt die Adressen für neue Domains.

Auf der europäischen Ebene werden die Internet-Aktivitäten durch RIPE (**R**éseaux **IP** **E**uropéens), einer Organisation europäischer Internet-Anbieter koordiniert. 1989 gegründet sind hier rd. 60 Organisationen vertreten. An RIPE ist TERENA (**T**rans **E**uropean **R**esearch and **E**ducation **N**etworking **A**ssociation) beteiligt, eine Organisation, die 1994 aus dem Zusammenschluß von EARN und RARE (**R**éseaux **A**ssociés pour la **R**echerche **E**uropéenne) gebildet wurde.

Tabelle 2-4: DE-NIC, RIPE und TERENA

DE-NIC	Universität Karlsruhe
Rechenzentrum	Zirkel 2
D-76128 Karlsruhe	E-Mail: hostmaster@nic.de
Tel.: 0721/373723	FAX: 0721/373741 u. 32550
DE-NIC - per WWW	http://www.nic.de/
RIPE - per WWW:	http://www.ripe.net/
Terena - per WWW:	http://www.terena.org/

Gab es vor 2 Jahren noch kaum deutschsprachige Publikationen über das Internet und war der Zugang für Privatpersonen bei kommerziellen Anbietern kaum bezahlbar, so hat sich die Situation deutlich verändert. Die Zahl der Publikationen ist kaum noch überschaubar: Zeitungen und Zeitschriften haben spezielle Rubriken eingerichtet, und zahlreiche Internet-Anbieter verkaufen zu unterschiedlichen Bedingungen und Tarifen Internet-Zugänge. Bei den großen Online Diensten wie CompuServe, America Online und Prodigy gehört der Internet-Zugang bereits zum normalen Angebot, und auch die Telekom hat den 800.000 Kunden von T-Online den vollen Internet-Zugang ermöglicht.

Tabelle 2-5: Internet Hosts und Nutzer 1981-1994

Jahr	Hosts	Nutzer
1981	213	2.130
1989	80.000	800.000
10/1990	313.000	3.130.000
1/1991	376.000	3.760.000
2/1992	727.000	7.270.000
1/1994	2.200.000	22.000.000
7/1994	3.200.000	32.000.000

(Quelle: Mark Lottor[3])

Wie groß die Zahl der Menschen ist, die mittlerweile über das Internet verbunden sind, ist weder genau zu überblicken noch eindeutig zu beantworten. Diejenigen, die sich damit befassen, die Internet-Gemeinde zu zählen, gehen dabei in der Regel so vor, daß sie die Zahl der Rechner ermitteln und diese dann mit einer angenommenen Zahl von Benutzern multiplizieren.

Mark Lottor zählte im Juli 1994 3,2 Mio. Hosts und errechnete daraus weltweit 32 Mio. Nutzer. In den USA zählte er 2,04 Mio. Hosts (63%), in Großbritannien 155.000, Deutschland und Kanada jeweils 127.000 und in Japan 72.000, mit starken Wachstumstendenzen außerhalb der USA. Legt man die Wachstumsdynamik, wie sie von Lottor ermittelt wurde, zu-

[3] Vgl. New York Times, 10.8.1994, S. 1; LaQuey, Tracey. The Internet Companion. Reading, New York (u.a.) 1993, S. 7.

grunde, wonach das Internet alleine von Januar 1994 bis Juli 1994 um 1 Mio. und damit rd. 46% gewachsen ist, dann dürfte die Zahl der Nutzer Ende 1995 70 Mio. erreichen.

2.3.1 Internet-Domains

Die im Internet verbundenen Rechner werden Gebieten sog. „Domains" zugeordnet. Der oberste Bezugspunkt in der Hierarchie einer Domain ist in der Regel die nationale Zuordnung, es folgt eine örtliche, in der schließlich der jeweilige Rechner zugeordnet wird. Dies ist ähnlich einer Adresse, die das Land, den Ort, die Straße, die Nummer innerhalb der Straße und schließlich den Namen innerhalb einer Hausnummer aufführt und dadurch den Empfänger eindeutig identifizierbar macht. Bei dem im Internet benutzen Domain Name System wird die Adresse von rechts nach links gelesen, sie ergibt die Zuordnung von der obersten zur untersten Ebene, vom Länder- bis zum Rechnernamen.

(<Rechner> <Universität-xy><Deutschland>)

Der AIX-Rechner 1 im regionalen Rechenzentrum der Universität Hamburg hat z.B. die Namens-Adresse „RZAIX01.RRZ.UNI-HAMBURG.DE". „DE" steht für Deutschland, „UNI-HAMBURG" für Universität Hamburg, „RRZ" für Regionales Rechenzentrum und RZAIX1 ist der Rechnername.

Wird innerhalb des Internet elektronische Post, sog. „E-Mail" (Electronic Mail), versandt, so wird der Name des Empfängers vor die Adresse gestellt und mit dem Klammeraffen „@" verbunden; das „@" steht für „at" (bei). Die E-Mail-Adresse lautet demnach <Benutzername>@<Rechnername><Land>. In unserem Beispiel

Karlheinz@ RZAIX01.RRZ.UNI-HAMBURG.DE

Eine Domain kann aber auch eine Organisation oder ein Netzwerk sein. Organisationen wie es kommerzielle Unternehmen sind, sind häufig nicht mehr national zuordbar, häufig ist das Firmennetz international aufgebaut. Organisationen unterschiedlicher Art können ebenfalls eine Domain sein. Der Online-Dienst CompuServe trägt z.B. die Bezeichnung CompuServe.Com, America Online wird als AOL.COM und das IBM-Netz mit IBM.NET adressiert.

Neben der Namensadresse hat jede Domain und jeder Rechner eine zweite, eine numerische Adresse. Diese Zahlen-Adresse besteht aus 4 durch Punkte getrennte Zahlen zwischen 0 und 255.

Jede im Internet vertretene Domain verfügt über mindestens einen Rechner, der die Funktion eines Name-Servers ausübt, der über eine Liste der Namens- und Zahlen-Adressen verfügt und die Namensadressen in die entsprechenden Zahlen-Adressen übersetzt.

Für den Benutzer macht es in der Praxis keinen Unterschied, ob er eine Namens- oder eine Zahlen-Adresse eingibt. Die Namensadresse hat lediglich den Vorteil, daß man sie sich leichter merken kann.

Tabelle 2-6: Internet Länder- und Organisationskürzel

AT	Österreich
AU	Australien
CA	Kanada
CH	Schweiz
DE	Deutschland
DK	Dänemark
ES	Spanien
FI	Finnland
FR	Frankreich
IT	Italien
JP	Japan
KR	Korea
LU	Luxemburg
PL	Polen
SE	Schweden

TW	Taiwan
UK	Großbritannien
US	USA
Organisationskürzel	
COM	Kommerzielle Firmen (Company)
EDU	Organisationen des Bildungssektors (Education)
GOV	Regierungsstellen (Goverment)
MIL	Verteidigungsministerium (Military)
NET	Netzwerk oder Netzwerkbetreiber (Network)
ORG	Sonstige Organisationen (Organisation)

2.3.2 Internet-Dienste

Das Internet ermöglicht im wesentlichen den Zugriff auf fremde Computer, die Übertragung von Dateien und das Senden und Empfangen Elektronischer Post („E-Mail"). Diese Möglichkeiten werden mit Hilfe von speziellen Programmen auf unterschiedliche Weise realisiert. Die wichtigsten Internet-Dienste sind:

- Telnet
- FTP
- E-Mail
- Gopher
- WWW
- Archie
- Newsgroups, Listserver, E-Journals

2.3.2.1 Telnet

Das Einloggen auf einem fremden Computer, um z.B. eine Online-Recherche durchzuführen, erfolgt mit dem Terminalemulationsprogramm Telnet. Dadurch wird der eigene Rechner zu einem Terminal des angewählten Rechners. Durch Aufruf des Programms „Telnet", entweder durch Eingabe des Befehls „Telnet" oder durch Anklicken des entsprechenden Programm-Icons und Eingabe der Rechneradresse, wird die Verbindung zum anderen Computer hergestellt. Adressen von Rechnern, auf die man per Telnet zugreifen kann, werden deshalb mit „Telnet" angegeben (Telnet <Rechneradresse>). Mit „Telnet Echo.lu" erreicht man z.B. den Host ECHO in Luxemburg.

2.3.2.2 FTP

Das Datenübertragungsprotokoll FTP (**F**ile **T**ransfer **P**rotocol) ermöglicht es, Dateien von und zu anderen Rechnern zu übertragen. Dateien, die öffentlich zur Verfügung stehen und per FTP frei kopiert werden dürfen, sind über das Login „anonymous" erreichbar; es ist üblich, als Paßwort die eigene E-Mail-Adresse anzugeben. Dateien, die per FTP kopiert werden können, werden mit „FTP", gefolgt von der Rechneradresse und einer Beschreibung des Verzeichnisses, in dem sich die Datei befindet, angegeben (FTP <Rechneradresse> /Verzeichnis/).

Tabelle 2-7: Einige FTP-Befehle

Befehl	**Erläuterung**
?	zeigt alle verfügbaren Befehle an ; ? <Befehl> gibt eine kurze Beschreibung des jeweiligen Befehls
ascii	setzt die Datenübertragungsart auf ASCII-Code; ist in der Regel die Voreinstellung
binary	setzt die Datenübertragungsart auf binär
bye	wie quit

cd	wechselt das Verzeichnis beim fremden Rechner
dir	zeigt den Inhalt des Verzeichnisses des fremden Rechners ausführlich
get	kopiert eine Datei von einem fremden auf den eigenen Rechner
help	zeigt alle verfügbaren Befehle an ; help <Befehl> gibt eine kurze Beschreibung des jeweiligen Befehls
lcd	wechselt das Verzeichnis des eigenen Rechners
lls	zeigt das Verzeichnis des eigenen Rechners
ls	zeigt den Inhalt des Verzeichnisses des fremden Rechners in Kurzform
put	kopiert eine Datei vom eigenen auf den fremden Rechner
pwd	zeigt das Verzeichnis des fremden Rechners, in dem man sich befindet
quit	beendet die FTP-Verbindung
type	zeigt die aktuelle Datenübertragungsart an

2.3.2.3 E-Mail

Elektronische Post wird mit Hilfe spezieller E-Mail-Programme verschickt. Je nachdem, in welcher Umgebung man arbeitet, stehen unterschiedliche Programme zur Verfügung. Die Adressierung erfolgt wie in dem bereits skizzierten Beispiel. Der Name des Empfängers bzw. sein Kürzel wird vor die Adresse gestellt und mit dem Klammeraffen „@“ verbunden. <Benutzername>@<Rechnername><Land>.

2.3.2.4 Gopher

Mit der wachsenden Größe und Unüberschaubarkeit des Netzes wuchs der Bedarf, die verfügbaren Informationen in strukturierter Information anbieten zu können. Mit Hilfe von

Gopher können unter thematischen Gesichtspunkten den Nutzern Adressen zusammengestellt werden, zu denen er durch Auswahl eines Menüpunktes verbunden wird. Mit Gopher wurde ein solches System der Informationsaufbereitung entwickelt. Gopher kann man nutzen, wenn auf dem System, auf dem man arbeitet, ein Gopherclient installiert ist, der wiederum einen Gopher-Server aufruft. Häufig wird ein Gopher-Client durch Eingabe des Befehls „Gopher" aufgerufen, und das entsprechende Gopher-Menü erscheint. Nicht selten enthält es eine Bedienungsanleitung. Hat das eigene System keinen Gopher installiert, so kann man per Telnet einen Gopher aufrufen. Während man bei Telnet-Verbindungen die Adressen genau kennen muß, ist das bei Gopher-Verbindungen nicht mehr der Fall. Ein Gopher z.B., der Bibliothekskataloge verzeichnet, verbindet durch Auswahl der entsprechenden Zahlen/Zeichen mit dem Bibliotheksgopher oder dem Online-Katalog der jeweiligen Bibliothek.

University of Minnesota Gopher	gopher.micro.umn.edu: 70
Universität Hamburg Gopher	gopher.uni-hamburg.de:70

2.3.2.5 WWW

Um die Benutzung des Internet einfacher zu gestalten und die verfügbaren Informationen leichter zugänglich zu machen, wurde das **W**orld-**W**ide-**W**eb (WWW) entwickelt, eine Oberfläche, die auf dem Konzept des Hypertextes aufbaut.

Hypertexte, zum Teil wird der Begriff Hypermedia synonym verwandt, bestehen aus miteinander verknüpften Informationsteilen, die Texte, Grafiken, Ton- oder Videosequenzen sein können.

Eine Hypertext besteht also aus einem Netzwerk von Knoten (Nodes), Verweisen (Pointers) und Verbindungen (Links). Jede Informationseinheit - sei es Text, Ton oder Grafik - ist ein Knoten, und jeder dieser Knoten beinhaltet Verweise und Verbindungenzu anderen Knoten.

Eine Hypertext-Verbindung verbindet 2 Knoten, den Knoten, auf dem man sich befindet, den Ankerknoten (Anchor Node) und den Zielknoten (Destination Node). Der "Leser" stöbert (browse) durch diesen Hypertext, bewegt sich von Knoten zu Knoten, klickt auf Verweise und stellt Verbindungen zu anderen Knoten her, und das in den meisten Fällen durch Mausklicken.

Mit Hilfe des Hypertext-Konzepts wurde seit den 60er Jahren begonnen, Informationen in neuer Weise aufzubereiten. Anfang der 90er Jahre wurde, auf diesem Konzept aufbauend, beim Kernforschungszentrum CERN in Genf begonnen, die Benutzeroberfläche WWW zu entwickeln.

Die Grundlage des WWW bildet die **H**yper**t**ext **M**arkup **L**anguage (HTML), eine **S**tandard **G**eneralized **M**arkup **L**anguage (SGML). Dokumente, in dieser HTML-Sprache geschrieben, können mit speziellen Programmen, sog. Browsern, betrachtet und die in diesen Dokumenten enthaltenen Links durch einfachen Mausklick ausgelöst werden. Auf speziellen Computern, sog. WWW-Servern, stehen HTML-Dokumente zur Verfügung. Mit den entsprechenden Browsern wie Mosaic, Xmosaic, Netscape o.ä. können die Dateien betrachtet und durch Anklicken der Links, die in den übertragenen Dateien enthalten sind, kann die Übertragung anderer Dateien von anderen WWW-Servern ausgelöst werden.

Die Adressen der Dokumente werden URL (**U**niform **R**esource **L**ocator) genannt. Das Übertragungsprotokoll, das hier benutzt wird ist das **H**yper**t**ext **T**ransfer **P**rotocol, abgekürzt HTTP. Adressen von Informationseinheiten im WWW, die URLs, werden folgendermaßen angegeben:

http://<Servername><Domain><Pfad><Dokument.html>

Gleichzeitig sind die anderen Dienste wie Telnet, Gopher und FTP in dieses System integriert, vorausgesetzt, der eigene Computer verfügt über die entsprechende Software. D.h. eine WWW-Seite kann zu einer Telnet-Verbindung führen, und man ist mit dem Online-Katalog einer Bibliothek verbunden; oder es wird die Verbindung zu einem Gopher hergestellt.

Das, was in den letzten Jahren so sehr zur Popularität des Internet beigetragen hat, ist diese neue, leicht zu bedienenende Benutzeroberfläche.

Bild 2-2: WWW-Begrüßungsseite der Uni-Hamburg

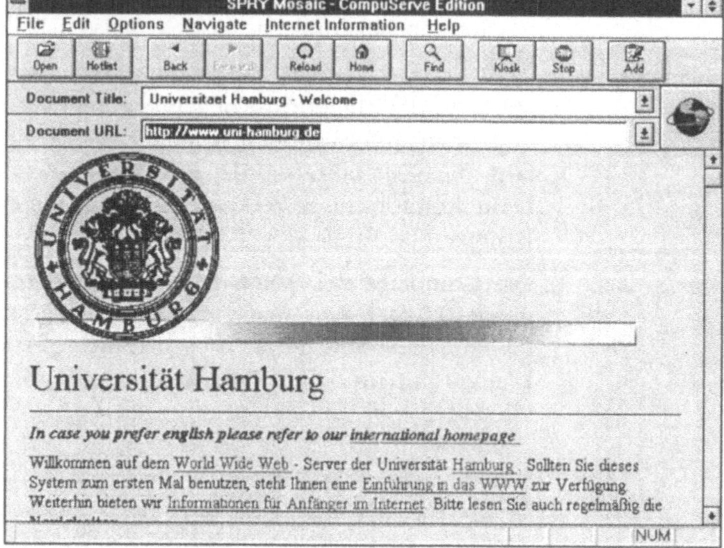

(http://www.uni-hamburg.de/)

Zur Geschichte des WWW	
http:// www.w3.org/hypertext/WWW/WWW	
Web Browser	
Netscape	http://netscape.com/
NCSA Mosaic	http:// www.ncsa.uiuc.edu/

2.3.2.6 Archie

Archie ist so etwas wie der Internet-Archivar. Das Programm verzeichnet Dateien, die öffentlich per FTP (anonymous) von Rechnern zur Verfügung gestellt werden. Im Laufe eines Monats fragt Archie die öffentlichen FTP-Bereiche (FTP-Sites) ab und indiziert die Dateien anhand ihres Namens, nicht ihres Inhalts.

Es gibt Archie-Systeme, die "FTP-Sites" regional oder national und andere, die sie weltweit abfragen. Weltweit arbeitende Archies fragen jeden Monat rd. 1200 FTP-Sites ab und speichern Informationen über Millionen von Dateien aus allen Fachgebieten. Um Archie zu nutzen, wählt man das nächstliegende Archie-System per Telnet an.

Das Archie-System der TH-Darmstadt z.B. erreicht man mit "Telnet archie.th-darmstadt.de" (Login: "archie"). Mit dem Befehl "prog" wird Archie veranlaßt, nach einer speziellen Zeichenfolge zu suchen. Als Rechercheergebnis erhält man eine Liste von Hosts mit Adressen und Verzeichnissen, bei denen sich Dateien befinden, deren Namen mit der gesuchten Zeichenfolge übereinstimmen.

Um zu erfahren, wie man mit Archie genau arbeiten kann, stellt man per Telnet, wie oben beschrieben, eine Verbindung her, gibt "help" ein und erhält eine Benutzerbeschreibung. Man kann sich eine solche Beschreibung aber auch per E-Mail schicken lassen, indem man die Mail "help" an "archie@archie.th-darmstadt.de" schickt.

Tabelle 2-8: Archie-Server in Deutschland, Österreich und der Schweiz

Deutschland	
archie.th-darmstadt.de	130.83.128.118
Österreich	
archie.edvz.uni-linz.ac.at	140.78.3.8
archie.univie.ac.at	131.130.1.23
Schweiz	
archie.switch.ch	130.59.1.40

2.3.2.7 Newsgroups, Listserver, E-Journals

Zu den unterschiedlichsten Themen haben sich weltweit Diskussionsgruppen, Newsgroups, gebildet, die zu speziellen Themen Nachrichten, Meinungen usw. per E-Mail austauschen und an denen sich jeder beteiligen kann. Daneben gibt es Diskussions- und Informationslisten, die jedem offen stehen. Man wird Mitglied (Subscriber) einer solchen Liste, indem man sich auf einem Listserver registrieren läßt.

Den wöchentlichen „Scout Report" des Network Information Center in den USA (http://rs.internic.net/scout/) mit Neuigkeiten über das Internet erhält man z.B., wenn man eine E-Mail an „majordomo@lists.internic.net" mit dem Text

subscribe scout-report

schickt.

Elektronische Journale kann man auf ähnliche Weise abonnieren; man schickt eine bestimmte Nachricht an einen Listserver und wird als Abonnent registriert. Welche Zeitschriften elektronisch verfügbar sind, kann man z.B. in den per Gopher abfragbaren Verzeichnissen von CICNet (http://www.cic.ne /cic/ cic.html) erfahren.

Tabelle 2-9: Elektronische Journale

Verzeichnis Elektronischer Journale
gopher.cic.net:2000/11/e-serials

2.3.3 WWW-Suchprogramme

Neben Archie, einem Programm, das FTP-Dateien indiziert und damit recherchierbar macht, gibt es zahlreiche Programme, die versuchen, die unterschiedlichen WWW-Seiten zu registrieren und auffindbar zu machen. Einige der populärsten finden sich in der folgenden Tabelle.

Tabelle 2-10: WWW-Suchprogramme

All-in-One Search Page
http://www.albany.net/˜wcross/all1srch.html
Internet Sleuth
http://www.intbc.com/sleuth/

Lycos
http://lycos.cs.cmu.edu/
Open Text Web Index
http://opentext.uunet.ca:8080/omw.html
Spry Internet Wizard
http://www.compuserve.com/wizard/wizard.html
SavvySearch
http://www.cs.colostate.edu/~dreiling/
WebCrawler
http://webcrawler.com/
World Wide Web Worm
http://www.cs.colorado.edu/home/mcbryan/WWWW.html
YahooSearch
http://www.yahoo.com/search.html

2.3.4 Internet-Zugänge

In der Bundesrepublik sind die meisten Hochschulen und Universitäten ans Internet angeschlossen. Die Ansprechpartner für eine Internet-Nutzung sind hier die Rechenzentren und/oder die EDV-Verantwortlichen der jeweiligen Fachbereiche.

Die kommerziellen Online-Dienste CompuServe und T-Online bieten ihren Kunden vollen Internet-Zugang; daneben gibt es zahlreiche kommerzielle Internet-Anbieter. In Buchhandlungen und Computerfachgeschäften kann man Einstiegspakete mit Beschreibung, Software und Zugangsaccount erwerben.

In der Regel ist die Internet-Nutzung mit Hilfe des eigenen PCs von zu Hause aus möglich; als Zugang dienen das analoge Telefonnetz oder ISDN. Bei den Internetzugängen unterscheidet man SLIP bzw. PPP-Zugänge und Unix-Shell-Accounts.

SLIP- (**S**erial **L**ine **I**nterface **P**rotocol) und PPP- (**P**oint to **P**oint **P**rotocol) Zugänge ermöglichen es mit Hilfe spezieller Programme, wie sie z.B. mit IBMs Internet Access Kit für OS/2, Net Manage´s Chameleon für Windows oder Trumpets Winsock (Windows) zur Verfügung stehen, daß der eigene PC für die Dauer der Verbindung ein Teil des Internet wird und alle Dienste, von Telnet, über FTP bis WWW, genutzt werden können. Die Konfiguration der Software erfolgt nach den Vorgaben des Internet-Anbieters.

Daneben gibt es einfache Unix-Shell-Accounts; hier wählt man sich mit einem Terminalprogramm auf den entsprechenden Unix-Rechner ein, der Teil des Internet ist, und kann von hier aus per Telnet auf andere Rechner zugreifen, Gopher starten und E-Mail verschicken. WWW-Verbindungen mit einem Web-Browser wie Mosaic können jedoch nicht hergestellt werden. Auch ist die Datenübertragung per FTP nur bedingt möglich, d.h. man kann von fremden Rechnern auf den Rechner Daten übertragen, auf den man sich eingeloggt hat, nicht aber auf den PC zuhause. Man spricht deshalb in diesen Fällen von beschränktem Internet-Zugang.

Tabelle 2-11: Internet Orientierungshilfen und Einstiegspunkte

Alex: A Catalogue of Electronic Texts on the Internet
gopher://gopher.lib.ncsu.edu:70/11/library/stacks/Alex
Einführung ins Internet
http://www.informatik.uni-hamburg.de/ Internet/ Ressourcen_Tutorial.html
G E I S T
http://www.geist.spacenet.de/verlag-E.html
IBM Internet Connection
http://www.ibm.net/

Internet Society
http://www.isoc.org/
LEO - Link Everything Online
http://www.leo.org/
Der Spiegel
http://www.spiegel.de/
Startpunkte der Telekom
http://www.telekom.de/StartingPoints.html
The Whole Internet Catalog
http://gnn.com/gnn/wic/index.html
Yahoo' s WWW-Wegweiser
http://www.yahoo.com/
Scott Yanoff´s Special Internet Connections
http://www.uwm.edu/Mirror/inet.services.html

2.3.5 Internet-Anbieter

CompuServe
Adresse -> Kapitel 10

Contributed Networks
Rykestr. 8
10405 Berlin
Tel.: 030/2530 1200
FAX: 030/2515 790
http://www.contrib.net

Eunet Deutschland
Emil-Figge-Str. 80
44227 Dortmund
Tel.: 0231/9200
FAX: 0231/972111
E-Mail: info@germyn.eu.net

GeoNet
Weißhausstr. 28
50939 Köln
Tel.: 0221/412248
FAX: 0221/424789
E-Mail: info@geod.geonet.de

GTN GmbH
Fontanestr. 12
41564 Kaarst
Tel. 02131/605652
FAX: 02131/666754

IBM Global Network
Dept. 8625,
Tour Descartes
92066 Paris La Defense
Tel.: 0130-821141
(Deutschland)
Tel.: 0660-5702
(Österreich)
Tel.: 155-9170 (Schweiz)
E-Mail: webmaster@ibm.net

Individual Network e.V.
Scheideweg 65
26121 Oldenburg
Tel.: 0441/9808556
FAX: 0441/9808557
E-Mail: in-info@individual.net

MAZ GmbH
Karnapp 20
21079 Hamburg
Tel.: 040/766 291 623
FAX: 040/76 629 199
E-Mail: info@maz.net

NACAMAR
Landefeld Datentechnik-
Kirchweg 22
63303 Dreieich
Tel.: 06103/9690
FAX: 06103/969127
E-Mail: info@nacamar.de

subNetz e.V.
Gerwigstr. 5
76131 Karlsruhe
Tel.: 0721/9661521
FAX: 0721/661937
E-Mail: info@subnet.sub.net

T-Online
-> Adresse Kapitel 10

Xlink
Vincenz-Prießnitz-Str. 3
76131 Karlsruhe
Tel.: 0721/96520
FAX: 0721/9652210
E-Mail: info@xlink.net

3 CompuServe

CompuServe (CS) wurde 1969 als Computer-Time-Sharing-Unternehmen gegründet, das Firmen und Einzelpersonen den Zugriff auf Großcomputer ermöglichte. Seit 1979 ist CS als Online-Informationsdienst tätig, gehört seit 1980 zur H&R Block Firmengruppe, verfügt über ein eigenes Datennetzwerk und ist heute mit rd. 4 Mio. Mitgliedern in rd 150 Ländern einer der größten privaten Online-Dienste der Welt.

CS bietet Kommunikations- und Informationsmöglichkeiten an, die die gesamte Palette der Möglichkeiten von Online-Diensten abdecken. In Hunderten von Datenbanken aus den unterschiedlichsten Themengebieten kann online recherchiert werden. Das Angebot reicht von diversen Lexika über Zeitungen und Zeitschriften bis hin zu Firmen- und Finanzinformationen. In den mittlerweile rd. 1000 Foren zu den unterschiedlichsten Themen können Informationen und Meinungen ausgetauscht werden. Zahlreiche Firmen bieten Support für ihre Produkte an, und zahllose Dateien mit Utilities, Programmen und Informationen stehen zum Herunterladen zur Verfügung. Darüber hinaus bietet CS seinen Kunden den vollständigen Zugang zum Internet.

Die Möglichkeiten, die CS bietet, sind so umfassend und vielseitig, daß CS nicht zu unrecht mit dem Slogan wirbt: "The information service you won' t outgrow." Man kann CS mit einem normalen Terminalprogramm oder mit einem der zahlreichen eigens für die Benutzung von CS entwickelten Navigationsprogramme benutzen. Von CS selber werden der CompuServe Information Manager (CIM) für DOS, Windows und Macintosh angeboten.

Die CS-Gebühren bestehen aus einer Monatsgebühr ($ 9.95), in der 5 Std. Nutzung der normalen Dienste enthalten ist, jede weitere Stunde kostet $ 2.95. Für die Nutzung der Premium Dienste sind zusätzliche Gebühren zu zahlen. Wenn man im Ortsnetzbereich einen Einwählknoten hat, entstehen lediglich die Telefongebühren für ein Ortsgespräch. Für die Benutzung des CS-Netzes selber werden keine Gebühren mehr berechnet.

Zusätzliche Gebühren fallen an, wenn man keinen CompuServe-Einwählknoten im Ortsbereich hat und/oder zusätzlich ein anderes Datennetz wie z.B. Datex-P benutzen muß.

Tabelle 3-1: CompuServe Einwähl-Knoten in Deutschland, Österreich und der Schweiz

Bundesrepublik Deutschland		
Ort	**Telefon**	**Bit/s**
Berlin	030-606021	1.200-14.400
Düsseldorf	0211-4792424	1.200-14.400
Frankfurt	069-20976	1.200-14.400
Hamburg	040-6913666	1.200-14.400
Hannover	0511-7242909	1.200-9.600
Karlsruhe	0721-859818	1.200-9.600
Köln	0221-2406202	1.200-14.400
München	089-66530170	1.200-14.400
Nürnberg	0911-5215050	1.200-14.400
Stuttgart	0711-450080	1.200-9.600
In Deutschland sollen außerdem Einwählknoten in Bremen, Dortmund, Dresden und Mannheim hinzukommen.		
Österreich		
Wien	1-5056178	1.200-9.600
Schweiz		
Basel	061-3321130	1.200-9.600
Bern	031-3826060	1.200-9.600
Genf	022-7389740	1.200-9.600
Zürich	01-2731028	1.200-14.400

Die Navigation innerhalb von CS erfolgt durch Eingabe von GO, gefolgt vom Namen des Forums, Dienstes oder der Datenbank, die man benutzen will. Mit GO WELCOME erreicht man das Begrüßungscenter für neue Mitglieder und mit GO CISHILFE das deutschsprachige Hilfe-Forum.

Folgende Foren stehen zur Verfügung, um Neueinsteigern Hilfestellung zu geben. Diese Foren sind gebührenfrei.

Tabelle 3-2: Foren für neue Mitglieder

New Member Welcome Center (GO WELCOME)
WinCIM General Support Forum (GO WCIMGE)
WinCIM Technical Support Forum (GO WCIMTE)
DOSCIM Support Forum (GO DCIMSUP)
CS Navigator Support Forum (CO CSNAVSUP)
NetLauncher Support Forum (GO NLSUPPORT)
MacCIM Support Forum (GO MCIMSUP)
MacNAV Support Forum (GO MNAVSUP)
CompuServeCD Support Forum (GO CCDSUP)
CIM for OS/2 Support Forum (GO OCIMSUP)
CompuServe Help Forum (GO HELPFORUM, GO CISHILFE)
New Member Forum (GO NEWMEMBER)
Practice Forum (GO PRACTICE)
CS General Applications Forum (GO CSAPPS)

3.1 Der Knowledge Index (GO KI)

Der Knowledge Index (KI) stellt über 100 Datenbanken des Anbieters Dialog zu einer reduzierten Gebühr zur Verfügung. Den KI gibt es seit 1982, und seit Frühjahr 1993 ist er ausschließlich über CompuServe erreichbar.

Der KI kann Montag bis Freitag von 18 Uhr bis 5 Uhr (Ortszeit) und am Wochenende von Freitag 18 Uhr bis Montag 5 Uhr (Ortszeit) benutzt werden. Von Sonntag 2 Uhr bis Sonntag 10 Uhr US-Pacific Time (= Sonntag 12 bis 20 Uhr MEZ) steht der KI nicht zur Verfügung.

Die Gebühren betragen $ 24 pro Stunde ($ 0.40 pro Minute), für das Anzeigen der Datensätze wird keine zusätzliche Gebühr berechnet, und die CS Verbindungsgebühren sind darin enthalten.

Tabelle 3-3: Knowledge-Index Retrieval-Kommandos

Befehl	**Beschreibung**
BEGIN (B):	Auswahl der Datenbank
DISPLAY (D):	Zeigt die Suchergebnisse bildschirmweise an
EXPAND (E):	Zeigt einen Ausschnitt des Datenbank-Index an
FIND (F):	Suche nach einem oder mehreren Begriffen
HELP (H):	Aufruf der Online-Hilfe
LOGOFF(L):	Beendet die Verbindung mit dem KI
PAGE (P):	Zeigt die nächste Bildschirmseite
RECAP (R):	Zeigt alle zuvor durchgeführten Suchschritte an
TYPE (T):	Zeigt die Suchergebnisse fortlaufend an
Es kann auch nur das in Klammern gesetzte Kürzel benutzt werden	
Ausgabeformate der Datensätze	
Long (L):	Zeigt den vollständigen Datensatz
Medium (M)	Zeigt einen Teil des Datensatzes
Short (S):	Zeigt einen minimalen Teil d. Datensatzes
Boolesche Operatoren	
AND, OR, NOT	und, oder, aber nicht
Trankierungszeichen	
?	Steht für eine beliebige Anzahl von Zeichen

Proximity Operatoren	
xN	ermöglicht die Suche nach benachbarten Worten; x steht für den maximalen Wortabstand in jede Richtung.

3.1.1 Datenfelder

Das Retrieval kann auf bestimmte Datenfelder beschränkt oder ausgedehnt werden. „Find AU=LAQUEY?" beschränkt die Suche auf das Autorenfeld. "Find internet and AU=LAQUEY?" verbindet das Kriterium "internet", das im Basic Index gesucht wird, mit dem Datenfeld Autor. Der Basic Index besteht, je nach Datenbank, aus den Feldern Titel, Abstract und Deskriptor. In den meisten KNOWLEDGE INDEX Datenbanken kann man die folgenden Kürzel als Präfixe voranstellen, um einzelne Datenfelder in die Suche einzubeziehen.

Tabelle 3-4: Feldkürzel in KI Datenbanken

Feldkürzel	Feldname	Beispiel
AU=	Author	FIND AU=LAQUEY, Tracy
CO=	Company Name	FIND CO=H&R BLOCK?
TI=	Title	Find TI=Internet?
PY=	Publication Year	FIND PY=1993
PD=	Publication Date	FIND PD=930901 (Format:JahrMonatTag)

In welcher Datenbank nach welchen Datenfeldern und mit welchen Kürzeln gesucht werden kann, erfährt man in der jeweiligen Datenbankbeschreibung, die online verfügbar ist.

3.1.2 Die Datenbanken des Knowledge Index

Abi/Inform (Busi1)

Academic Index (Educ5)

Ageline (Socs4)

Agricola (Agri1)

The Agrochemicals Handbook (Chem3)

Aidsline (Medi17)

Akron Beacon Journal (News16)

America: History and Life (Hist1)

Analytical Abstracts (Chem2)

Arizona Republic - Phoenix Gazette (News17)

Art Bibliographies Modern (Arts1)

Art Literature International (RILA) (Arts2)

Atlanta Journal - Atlanta Constitution (News18)

A-V Online (Educ4)

Baltimore Sun (News19)

Bible (King James Version) (Reli1)

BNA Daily News (Lega2)

Books In Print (Book1)

Boston Globe (News13)

Business Software Database (Comp6)

Businesswire (Busi5)

Buyer' s Guide to Micro Software (Comp7)

Cab Abstracts (Agri3,4)

Canadian Business and Current Affairs (Maga2)

Cancerlit (Medi10)

Chapman and Hall Chemical Database (Chem1)

Charlotte Observer (News20)

Chemical Business Newsbase (Busi4)

Chemical Engineering and Biotechnology Abstracts (Engi2)

Chicago Tribune (News12)

Christian Science Monitor (News21)

Columbus Dispatch (News22)

Compendex*Plus (Engi1)

Computer Database (Comp4)

Computer News Fulltext (Comp8)

Consumer Reports (Refr6)

Current Biotechnolgy Abstracts (Biol2)

Current Digest of the Soviet Press (News7)

Daily News of Los Angeles (News23)

Detroit Free Press (News24)

Dissertation Abstracts Online (Refr5)

Drug Information Fulltext (Drug2)

Economic Literature Index (Econ1)

Embase (Medi3)

Eric (Educ1)

Eventline (Refr3)

Everyman' s Encyclopaedia (Refr7)

Food Science and Technology Abstracts (Food1)

GPO Publications Reference File (Gove1)

Harvard Business Review (Busi3)

Health Planning and Administration (Medi11)

Historical Abstracts (Hist2)

Houston Post (News25)

ICC British Company Directory (Corp2)

Inspec (Comp1)

International Pharmaceutical Abstracts (Drug1)

Kirk-Othmer Online (Chem5)

Legal Resource Index (Lega1)

Life Sciences Collection (Biol1)

Linguistics & Language Behavior Abstracts (Lits2)

Los Angeles Times (News10)

Magazine Index (Maga1)

Magill' s Survey of Cinema (Refr4)

Marquis Who' s Who (Refr2)

Mathsci (Math1)

Medline (Medi1,2)

Mental Health Abstracts (Psyc2)

The Merck Index Online (Drug4)

Miami Herald (News26)

Microcomputer Index (Comp3)

Microcomputer Software & Hardware Guide (Comp5)

National Newspaper Index (News2)

Newsday and New York Newsday (News15)

Newsearch (News1)

NTIS (Gove2)

Nursing and Allied Health (Medi14)

Oregonian (News27)

Orlando Sentinel (News28)

PAIS International (Socs2)

Palm Beach Post (News29)

Peterson's College Database (Educ2)

Peterson's Gradline (Educ3)

Philadelphia Inquirer (News9)

Philosopher's Index (Socs3)

Pittsburgh Press (News39)

Pollution Abstracts (Envi1)

PR Newswire (Busi6)

Psycinfo (Psyc1)

Public Opinion Online (Poll) (Refr8)

Quotations Database (Refr1)

Richmond News Leader - Richmond Times Dispatch (News30)

Rocky Mountain News (News31)

Sacramento Bee (News32)

St. Louis Post-Dispatch (News34)

St. Paul Pioneer Press (News35)

San Francisco Chronicle (News14)

San Jose Mercury News (News11)

Seattle Times (News33)

Smoking and Health (Medi16)

Sociological Abstracts (Socs1)

Sport (Medi13)

Standard & Poor's Corporate Descriptions (Corp3)

Standard & Poor's News (Corp1)

Standard & Poor's Register - Biographical (Corp5)

Standard & Poor's Register - Corporate (Corp6)

Sun-Sentinel (Fort Lauderdale) (News36)

Times-Picayune (New Orleans) (News37)

Trade and Industry Index (Busi2)

Upi News (News3, 4)

Usa Today (News6)

Washington Post Online (News8)

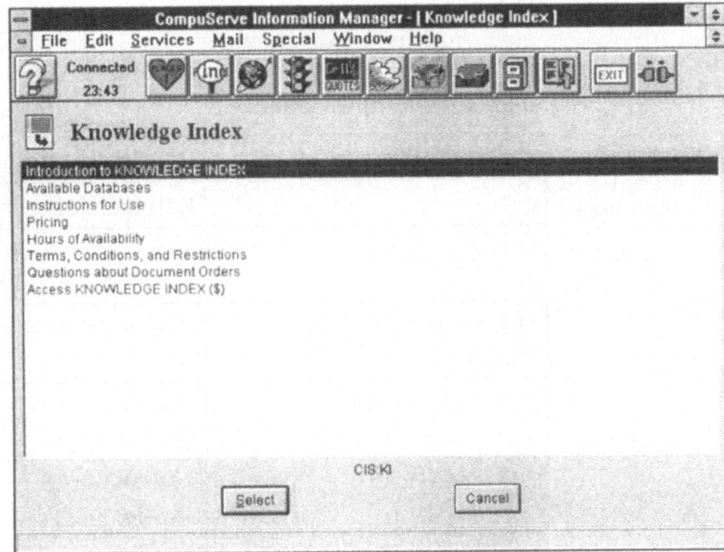

Bild 3-1: KI Informationsseite

3.2 IQUEST (GO IQUEST)

IQUEST ist ein Datenbankservice, der von CompuServe und Telebase Systems, Inc., angeboten wird. Der Service ermöglicht es, in rd. 450 Datenbanken von Anbietern wie Data-Star, Dialog, FT Profile, News Net, Questel/Orbit und Ovid Online zu recherchieren.

Die Kosten der Suche sind abhängig von der jeweiligen Datenbank. Es steht eine menügesteuerte Benutzung zur Verfügung, die auch bei der Datenbankauswahl behilflich ist. Mit dem zusätzlichen Service Smartscan kann außerdem in mehreren Datenbanken gleichzeitig gesucht werden. Fotokopien der aufgefundenen Aufsätze und Artikel können online bestellt werden. Mit IQUEST steht eine umfangreiche Auswahl von Datenbanken zur Verfügung, ohne daß mit jedem Datenbankanbieter ein spezieller Vertrag abgeschlossen werden muß, man sich in eine ungewohnte Benutzerumgebung einarbeiten oder sich Gedanken über Verbindungswege zu den jeweiligen Hosts machen müßte. Ein Katalog der verfügbaren Datenbanken, mit Preisangaben und Beschreibungen sowie eine Anleitung zur Nutzung von Iquest findet sich online. Man kann sich die Dateien, die regelmäßig aktualisiert werden, auch herunterladen.

Tabelle 3-5: IQUEST-Kommandos

Kommando	**Beschreibung**
C	Kommandobeschreibungen
DIR	gibt ein Verzeichnis der verfügbaren Datenbanken
DIR <Name der Datenbank>	Datenbankbeschreibung anzeigen
DIR <Stichwort>	Datenbanken zu einem Stichwort anzeigen
DIR <HOST>	Datenbanken von einem Host anzeigen
DIR LIST	Ausgabe einer Liste von Sachgebieten und Hosts
S	Auswahl einer speziellen Datenbank (S und Name oder Nr der Datenbank)
M	Rückkehr zum Hauptmenü
L	System verlassen
B	Vorheriger Bildschirm
H	Hilfe
SOS	Persönliche Hilfe anfordern
Scan	eine Gruppe von Datenbanken gleichzeitig durchsuchen

/Print	Scrollt den Bildschirm
/STRG	Pause zwischen Bildschirmseiten
STRG+C	Ausgabe unterbrechen
STRG+S	Stop des Scrollens
STRG+Q	Start des Scrollens
Boolesche Operatoren	
AND, OR, NOT:	und, oder, aber nicht
Trankierungszeichen	
/	Steht für eine beliebige Anzahl von Zeichen

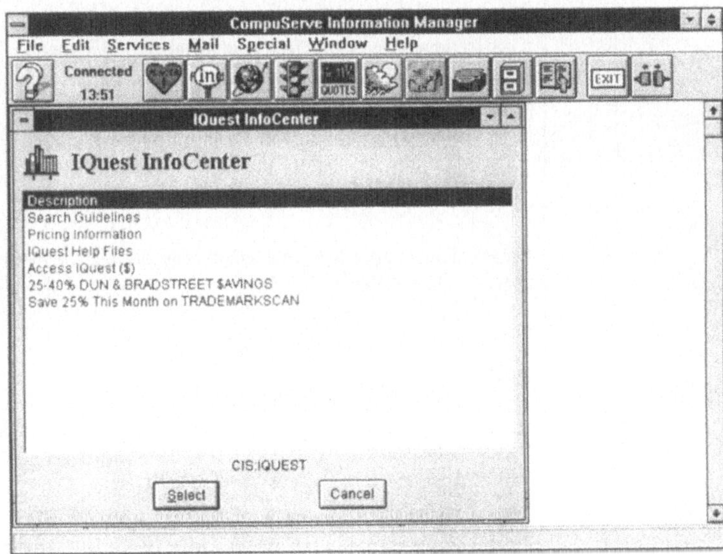

Bild 3-2: Iquest Info Center

Nachdem man IQUEST (GO IQUEST) ausgewählt hat, erscheint der Bildschirm des Iquest-InfoCenter. Hier kann man aktuelle Informationen über Iquest, Hilfe zum Retrieval, und unter dem Menüpunkt „Iquest Help Files", Kurzbeschreibungen aller über Iquest verfügbaren Datenbanken erhalten.

Mit der Auswahl von „Access Iquest" wird die Verbindung zu Iquest hergestellt und es erscheint das Hauptmenü.

Bild 3-3: Iquest Hauptmenü

```
** IQUEST MAIN MENU **

 1  Companies
 2  Business & Industry
 3  Markets & Products

 4  Intellectual Property
 5  Computers & Telecommunications
 6  Medicine, Science & Engineering

 7  U.S. & World News
 8  Humanities, Social Sciences & General Reference

 9  Consult with an IQuest specialist (SOS)
10  NEW! This Month: TRW Savings; Database Updates

 H  for Help, C for Commands

Enter option, or access a database directly by typing SEARCH and database na-
me

Total charges thus far:      $ 0.00
-> 8
```

Die Datenbanken sind zu Schwerpunktthemen angeordnet, man kann über das Menü nach Datenbanken suchen oder Namen bzw. Nummern der Datenbank eingeben.

Mit „DIR 1146" (oder „DIR Social SciSearch") erhält man die Beschreibung der Datenbank „Social SciSearch".

Bild 3-4: Kurbeschreibung der Datenbank Social SciSearch

```
1146   Social SciSearch

Contains worldwide multidisciplinary index of social science
literature. Includes references cited by each author, enabling users
to search for other items that build on or extend one author's
research. Corresponds to the printed Social Sciences Citation
Index. Produced by the Institute for Scientific Information (ISI).
References only.

    Host:                         Dialog
    Field Searching:              available
    Time Span:                    from 1972 to present
    Updating:                     weekly

    PRICING
 1 Search and up to 5 Headings.              $ 15.00
 5 Additional Headings..................     $ 15.00
 1 Regular Reprint.......................    $ 18.00
 1 Express Reprint.......................    $ 42.00

 Press <Return> to continue, S to search database:
```

Mit S kann dann die Datenbank ausgewählt und darin recherchiert werden.

3.3 Zeitschriften und Photos

Newspaper Archives (GO NEWSARCHIVES)

Über 50 Zeitungen der USA und Großbritanniens stehen im Volltext zur Verfügung; darunter u.a. (Akron) Beacon Journal (ab 1/89), Charlotte Observer (ab 1/89), Detroit Free Press (1/87), Financial Times (ab 12/86), Houston Post (1/88), Times/Sunday Times (ab 6/88), Miami Herald (ab 1/83), Philadelphia Inquirer (ab 1/83), Washington Times (1/89).

News Source USA (GO NEWSUSA)

Über 60 Zeitungen und Zeitschriften der USA sind im Volltext verfügbar, darunter Money (ab 1/86), Time (ab 1/85), Fortune (1/85), Boston Globe (ab 1/80), Christian Science Monitor (ab 1/89), Los Angeles Times (1/85), USA Today (ab 1/89) und die Washington Post (ab 4/83).

UK Newspaper Library (GO UKPAPERS)

Führende Zeitungen Großbritanniens stehen im Volltext zur Verfügung, darunter u.a. The Daily and Sunday Telegraph, The European, The Financial Times, The Guardian, The Times and Sunday Times, The Independent. In der Regel sind die letzten 12 Monate verfügbar.

Reuters Bilder (GO NEWSPIX)

Aktuelle Bilder der Nachrichtenagentur Reuters.

Bettmann Archive (GO BETTMAN)

Das „Bettman Archive Forum“ enthält über 1.000 Fotos aus fast allen Bereichen menschlichen Lebens.

3.4 Die CompuServe Foren

Die CS Foren bestehen in der Regel aus 3 Bereichen: 1. aus elektronischen "Schwarzen Brettern", sog. "Bulletin Board Systems"; hier werden Nachrichten, Fragen und Mitteilungen ausgetauscht. 2. aus einer elektronischen Bücherei, in der Informationen wie z.B. längere Artikel, Graphiken, Bilder, Musikstücke, Videoclips und Computerprogramme zur Verfügung stehen, die man auf seinen eigenen Computer herunterladen (download) kann. 3. aus einem „Gesprächsraum“ (Conference Room), in dem direkt miteinander diskutiert werden kann.

3.4.1 Das Spiegel Forum (GO SPIEGEL)

Mit GO SPIEGEL erreicht man den Spiegel in CompuServe. Hier finden sich am Samstag, bevor der gedruckte Spiegel erscheint, einige Artikel der neuen Ausgabe, die aktuellen Pressemitteilungen und das Inhaltsverzeichnis der neuen Ausgabe.

ld 3-5:
r Spiegel in Com-
-Serve

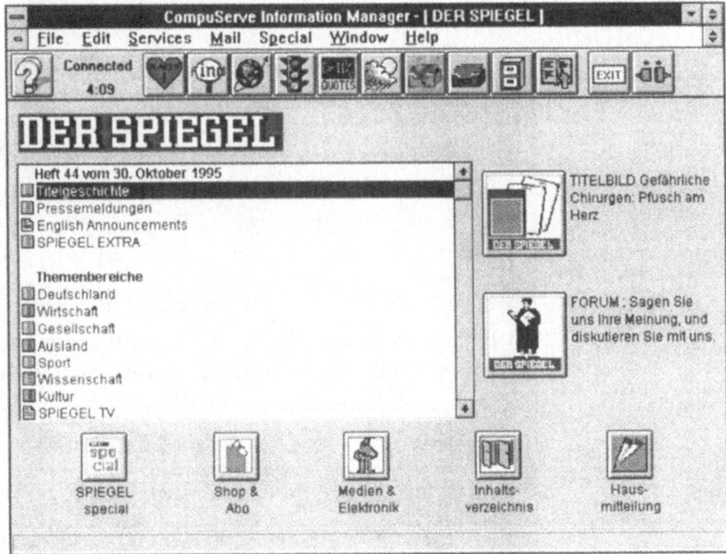

Durch anklicken des Forum-Buttons wird man mit dem Spiegel Forum verbunden. So wie die meisten Foren auch, gibt es hier 3 Bereiche, die auch oben in der Menüzeile des WinCIM erscheinen: Messages, Library und Conferences. Im Message-Bereich werden zu bestimmten Themen Meinungen ausgetauscht, Tips gegeben etc.

Bild 3-6:
Der Spiegel-Forum

Im Library-Bereich gibt es Artikel vergangener Ausgaben, zugeordnet nach den jeweiligen Rubriken, Titelbilder vergangener Ausgaben und diverse Utilities.

Bild 3-7:
Suche nach Dateien in der Forumsbibliothek

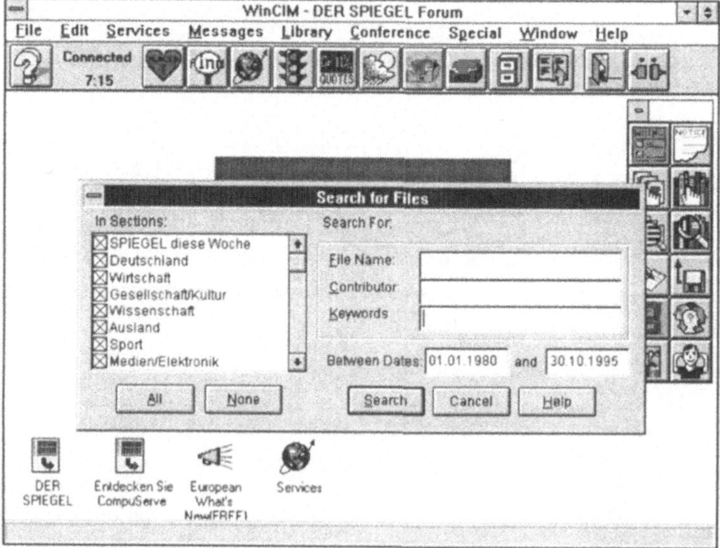

So wie hier hat man in jeder Library die Möglichkeit, entweder zu stöbern (Browse) oder gezielt nach Dateien zu suchen (Search). Man kann nach Stichworten suchen, nach der Kennung des Übermittlers oder nach dem Dateinamen. Als Trankierungszeichen kann der Stern (*) verwendet werden. Eingeschränkt oder erweitert werden kann die Suche durch die Datumseingabe und durch Auswahl oder Weglassen von Bereichen (Sections) der Bibliothek. Durch Anklicken von „Download" kann man sich die gewünschten Artikel bzw. Dateien auf den eigenen Rechner herunterladen.

Bild 3-8:
Der Spiegel Forumsbibliothek

Ähnliche Such- und Download-Möglichkeiten stehen auch im Messagebereich zur Verfügung. Hier kann ebenfalls gezielt nach Nachrichten zu bestimmten Themen, von bestimmten Absendern und/oder aus bestimmten Zeiträumen gesucht werden.

Der dritte Bereich ist der Konferenzraum; hier kann man sich „unterhalten", und hier werden Konferenzen zu bestimmten Themen abgehalten, die natürlich entsprechend vorher angekündigt werden.

3.4.2 Die Internet-Foren

Mittlerweile gibt es in CompuServe eine ganze Reihe von Foren, die sich mit dem Internet und seinen Möglichkeiten befassen. Hier finden sich Tips und Erläuterungen für Anfänger und Fortgeschrittene, gibt es die neuste Software, Hilfe bei Konfigurationsproblemen, Adressen von Internet-Anbietern u.v.m. Wer Trumpets Winsock sucht, die neueste Version von Mosaik oder Netscape oder einen HTML-Editor, hier wird er fündig.

Tabelle 3-6: CS Internet-Foren

Deutsches Internet Forum	GO GERINTERNET
Internet New Users Forum	GO INETFO
Internet Publishing Forum	GO INTETPU
Internet Resources Forum	GO INETRE
Internet World Forum	GO IWORLD

3.4.3 Suchhilfen: der PC-FileFinder (GO PCFF)

Der PC FileFinder ist eine Datenbank, die Beschreibungen von Dateien der meisten Foren, die mit IBM-kombatiblen PCs befaßt sind, enthält. Anstatt also nacheinander alle Foren auf der Suche nach einer Datei abklappern zu müssen, kann man hier über verschiedene Foren hinweg suchen.

Unter den ausgewerteten Forumsbibliotheken sind u.a.: Adobe, Autodesk AutoCAD Forum, Autodesk Retail Products Forum, Autodesk Software Forum, Banyan Forum, Borland Applications, Borland C++/DOS Forum, Borland C++/ Windows/OS2 Forum, Borland Database Products, Borland Development Tools, Borland GmbH, Borland Pascal, CA Applications, CA Clipper, CA-Clipper Germany, CA Micro Germany, CA Productivity Solutions, Clarion, Crosstalk, Data Based Advisor, DataEase International, Datastorm Technology, DaVinci, Delrina Forum, Desktop Publishing Forum, Deutsches Computer Forum, DTP Vendor Forum, Graphics Support Forum, HP Handheld, HP Peripherals, HP Systems, IBM APPC Forum,

IBM Desktop, IBM LMU/2, IBM OS/2 Developer 1 and 2, IBM OS/2 Support, IBM OS/2 Users, IBM OS/2 Vendors, IBM PSP Beta Forum, IBM ThinkPad, IBM Ultimedia Hardware, IBM Ultimedia Tools Series A, B and C, Lotus GmbH, Lotus Spreadsheets, Lotus Word Processing, Lotus Words & Pixels, Microsoft Applications, Microsoft BASIC, Microsoft DOS, Microsoft Excel, Microsoft Fox Software, Microsoft Languages Forum, Microsoft Windows, MIDI/Music, MIDI A through D Vendor, Modem Vendor, MS Central Europe Forum, Music and Performing Arts Forum, Novell Library, Novell User, Novell Vendor, Other Banyan Patchwork, PC Applications, PC Bulletin Board, PC Communication, PC Programming, PC Systems/Utilities, PC Vendor A through K, PC World, Quarterdeck, Siemens Automation, Sight and Sound, STAC Electronics Forum, Symantec Anti-

Bild 3-9: PC File Finder

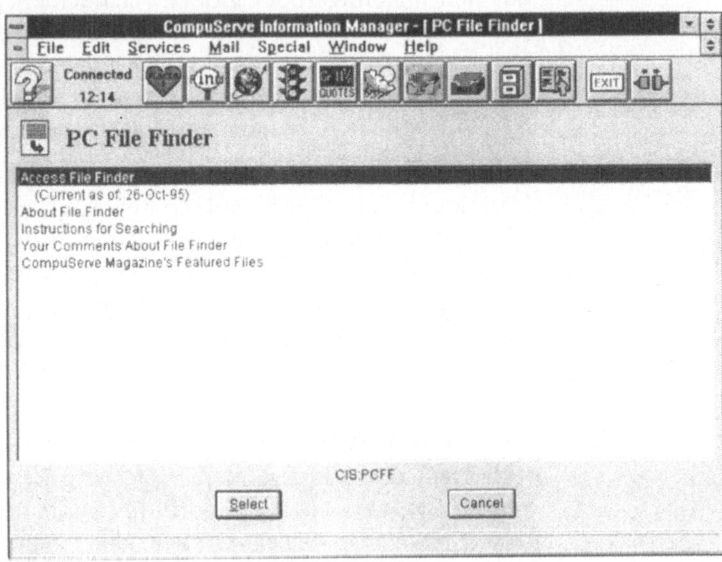

Virus, Symantec Applications, Symantec Development Tools, Symantec FGS, TAPCIS, UK Share, Vines 4.X and 5.X Patchware, Windows 3rd Party Applications A through G, WordPerfect Users, WUGNET, and Zenith Data System.

Tabelle 3-7: CS Verzeichnisse

CompuServe Verzeichnisse	
CS Mitgliedsverzeichnis	GO DIRECTORY
Verzeichnis aller Zugangsnummern	GO PHONES
Die Abrechnungsdaten der letzten 3 Monate	GO BILLINGS
Preis- und Gebührenverzeichnis	GO RATES
Verzeichnis von rd. 9300 CD-ROMs	GO CDROMB

3.5 ENS (GO ENS)

Der Executive News Service (ENS) bietet die Möglichkeit, sich aus den Meldungen der großen Nachrichtenagenturen, rd. 20 stehen zur Verfügung (Reuters, DPA, AP usw.), die Nachrichten heraussuchen zu lassen, die einen interessieren. Man kann bis zu drei Ordner einrichten, in die die gewünschten Nachrichten nach bestimmten festgelegten Kriterien aussortiert und abgelegt werden.

Man kann z.B. einen Ordner anlegen, um sich über das Microsoft Network auf dem laufenden zu halten. Man wählt die Agenturen aus, deren laufend hereinkommende Meldungen durchsucht werden sollen, und man gibt Kriterien an, nach denen Meldungen in den eigenen Ordner kopiert werden sollen.

Mit den Operatoren AND (+), OR (|), NOT (-) können Suchkriterien formuliert werden. In unserem Beispiel „Microsoft + Network", d.h. alle Nachrichten der angekreuzten Agenturen werden geprüft, ob die Begriffe Microsoft und Network enthalten sind. Wir wollen ja nicht alle möglichen Meldungen über Microsoft erhalten. Die Nachrichten, auf die diese Kriterien zutreffen, werden in den von uns erstellten Ordner mit Namen (Folder Name) „Online" gestellt.

Bild 3-10: ENS Ordner anlegen

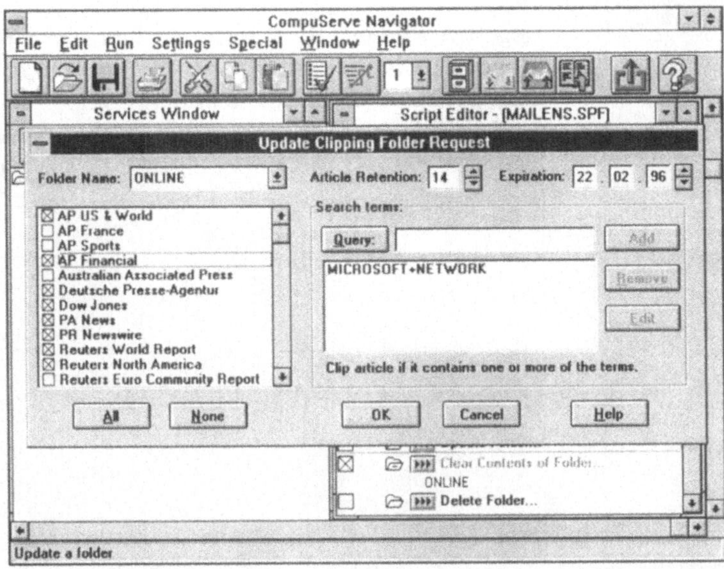

Wenn man einen Ordner einrichtet, kann man festlegen, wie lange die Nachrichten gespeichert und wieviel Nachrichten maximal in den Ordner aufgenommen werden sollen. Das Hauptproblem bei der Einrichtung eines Ordners besteht darin, ein seinen Wünschen entsprechendes Retrievalprofil zu erstellen und die richtigen Agenturen auszuwählen. Viele Meldungen werden von allen Agenturen gebracht, d.h. man erhält x-mal dieselbe Meldung. Sinnvoll ist es, mit der Auswahl der Agenturen und den Abfragekriterien so zu experimentieren, daß schließlich wirklich die Meldungen ankommen, die man auch haben will.

Die Nutzung des ENS kostet $ 15 pro Stunde. Diese Gebühr wird für die Zeit berechnet, die man braucht, um seine Nachrichten zu lesen, herunterzuladen, einen Ordner zu erstellen oder zu bearbeiten. Die Gebühr wird also nicht für die Dauer des laufenden Durchsuchens fällig.

Sinnvoll ist es, für die Arbeit mit dem ENS einen der vorhandenen Offline Navigatoren zu benutzen, die es erlauben, die teure Verbindungszeit möglichst gering zu halten. Es wird ein Skript erstellt, in dem die auszuführenden Arbeitsschritte vorgegeben werden. Das Programm führt dann die eingestellten Aufträge aus und spart so Telefongebühren und Verbindungszeit ein. CS selber stellt den CompuServe Navigator zur Verfügung; daneben gibt es zahlreiche andere Offline Programme, die z.T. sogar über eigene Foren betreut werden.

4 T-Online

Der größte Online-Dienst in der Bundesrepublik Deutschland ist T-Online. Anfang der 80er Jahren als Bildschirmtext (BTX) zusammen mit anderen europäischen Videotext-Systemen gegründet, hat der Dienst heute rd. 1 Mio. Kunden.

Das Angebot umfaßt die Rubriken: Nachrichten, Geld & Börse, Einkaufen, PC & Software, Unterhaltung, Reise & Verkehr, Bürgerservice, Auskunft, Kommunikation, Foren & Dialoge, den Premium-Dienst BTX plus, den direkten Zugang zum Internet und Übergänge zu rd. 10 ausländischen Videotextsystemen.

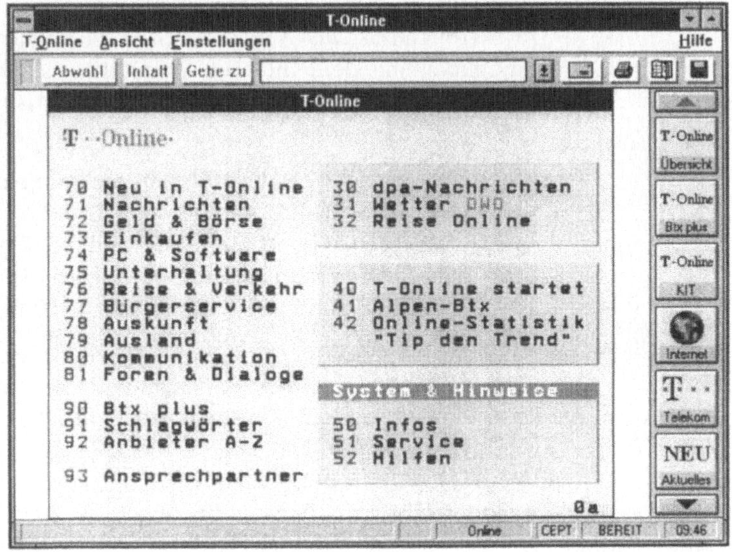

Bild 4-1: T-Online Übersicht

Zur Zeit wird die alte, Buchstaben-orientierte CEPT-Benutzeroberfläche durch die graphische KIT-Oberfläche ersetzt. KIT, die Abkürzung von **K**ernsoftware für **I**ntelligente **T**erminals, ermöglicht die Einbindung von Text, Graphik und

Sound unter einer einheitlichen Oberfläche; die Navigation innerhalb dieser Oberfläche erfolgt durch Mausklicken.

T-Online ist flächendeckend zum Ortstarif (Tel: 01910) sowohl per analogem Telefonnetz als auch per ISDN erreichbar. Die Zugangsgeschwindigkeit für analoge Modems wird derzeit auf 28 kbit/s erhöht.

Für die Benutzung des Dienstes sind spezielle Dekoder nötig, die von verschiedenen Herstellern u.a. für DOS, Windows, OS/2 und Macintosh angeboten werden. Mit der Namensänderung und der Eröffnung des Internet-Zugangs erhielten die T-Online-Kunden Dekoder für Windows und OS/2. Der Windows-Dekoder wurde zusammen mit der deutschen Version von Netscape, einem WWW-Browser, ausgeliefert.

Unter Windows kann man den Internet-Zugang sowohl per Modem als auch per ISDN-Karte erreichen. Für OS/2-Nutzer wird ein spezielles OS/2 Nachrüstset angeboten, das es ermöglicht, mit dem Internet Access Kit das Internet auch per T-Online zu erreichen. Ein ISDN-Zugang ist damit allerdings bisher nicht möglich.

T-Online kostet 8,- DM im Monat, die Anmeldegebühr beträgt einmalig 50,- DM. Pro Minute sind in der Zeit von 8 Uhr bis 18 Uhr 6 Pfg., in der übrigen Zeit und am Wochenende 2 Pfg. pro Min. Verbindungsgebühr zu zahlen. Hinzu kommen je nach Anbieter zusätzliche Gebühren, z.B. für die Recherche in Datenbanken.

Die Nutzung des Internet-Zugangs kostet zusätzlich 10 Pfg. pro Minute, je nach Tageszeit und Tag fallen damit zwischen 7,20 DM und 9,60 DM pro Stunde an.

Tabelle 4-1: Bedienungshilfe Grundfunktionen

*Name#	Anbieter aufrufen
Name#	Anbieter suchen
Stichwort#	Anbieter zu Stichwort suchen
*Seite#	Seite aufrufen
#	Weiterblättern

*#	Zurückblättern
/#	Zurück zur Ergebnisseite einer Suche
*03#	Zur übergeordneten Seite
*55#	Rücksprung in das zuletzt abgerufene Angebot
**	Eingabe korrigieren
*00#	Seite nochmals anzeigen
*09#	Seite aktualisiert anzeigen
*05#	Feldinhalte anzeigen
*0#	Übersicht
*9#	Verbindung mit Externem Rechner beenden

4.1 Ausgewählte Seiten

Die Anbieter in T-Online sind alphabetisch („Anbieter A-Z") und nach Schlagwörtern („Schlagwörter") geordnet und verzeichnet. Man kann nach Themenbereichen suchen, indem man ein Stichwort, gefolgt von einer Raute (#), eingibt (z.B.: Bücher#); man erhält dann eine Liste von Anbietern, die mit Büchern zu tun haben.

Kennt man den Namen eines Anbieters, weiß aber die genaue Seitennummer nicht, so hat man häufig Erfolg, wenn man den Firmennamen, gefolgt von einer Raute, eingibt (z.B. IBM#).

Im folgenden eine kleine Auswahl von T-Online Seiten:

Tabelle 4-2: T-Online Seitenauswahl

ABC Bücherdatenbank	*Telebuch#
AgV/Verbraucherzentralen	*20200#
Berlin Information	*Berlin#
Bundesbahn-Fahrplan	*2580021#

Deutscher Bundestag	*47472#
Deutsche Telekom	*20000#
Die Bundesregierung	*21121#
Deutsche Presse Agentur	*dpa#
ESCOM	*ESCOM#
ETV Televerzeichnisse	*21186#
Europäisches Parlament	*33211#
FIZ Technik	*69448#
Frankfurter Allgemeine Zeitung	*FAZ#
GBI	*69368#
GENIOS	*46801#
Hamburg Magazin	*567200013#
IBM	*IBM#
JURIS	*40020#
Munzinger Archiv	*31916#
Neue Wirtschaftspresse - Börsenkursdatenbank	*450450#
SPIEGEL-Verlag	*69434#
Statistisches Bundesamt	*48484#
Der Stern	*34500499#
STN International	*47808#
T-Online Teilnehmerverzeichnis	*616777#
Telekom Televerzeichnisse	*118#
VOBIS	*20111#
WDR Computer-Club	*37107#
WISO ZDF	*3910070#
Die Woche	*69453#

4.2 BTX plus

Der Premium Dienst BTX plus wird von der Firma 1&1 Telekommunikation im Auftrag der Telekom betrieben. Das Angebot kostet zusätzlich 6 Pfg. pro Minute und umfaßt die Rubriken News, PC, Kapital, Freizeit und Spiele.

Bild 4-2:
BTX plus

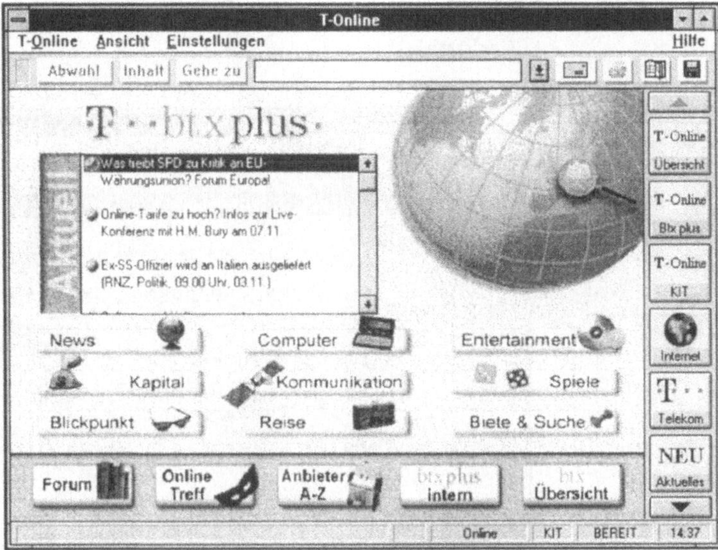

Hier finden sich mit ausgewählten Artikeln Zeitschriften wie die Computerwoche, Bild der Wissenschaft, DOS International oder das Studentenmagazin UNICUM. Mit eigenem Angebot vertreten sind der Zff-Davis Verlag, der Verlag DMV Franzis, Compaq Computer oder auch Hewlett Packard.

4.3 Ausländische Videotextsysteme

Von T-Online bestehen direkte Übergänge zu einer ganzen Reihe von ausländischen, vor allem europäischen Videotextsystemen, deren Angebote aber in der Regel nicht vollständig genutzt werden können, wenn man keine eigene Kennung bei diesen Anbietern besitzt.

Direkt erreichbar sind die Dienste Discovery (Australien), VIDEOTEX (Belgien), TELETEL (Frankreich), New Prestel (Großbritannien), LUXTEL (Luxemburg), VideoTexNet (Niederlande), Public Access Network (Österreich), Swiss Online (Schweiz), Tele Sampo (Finnland) und Andortex (Andorra).

Bild 4-3: Zugangsmöglichkeiten zu ausländischen Videotextsystemen

4.4 Datenbankanbieter

Die deutschen Anbieter FIZ-Technik, GBI, Genios und Juris haben einen Teil ihrer Datenbanken für die Nutzung über T-Online aufbereitet. D.h. es stehen nicht alle Datenbanken dieser Anbieter zur Verfügung, und es handelt sich um andere Oberflächen, mit denen man es bei der Recherche zu tun hat. Die Oberflächen unterscheiden sich von denen, die man bei den Anbietern selbst vorfindet.

Die Gebühren liegen im Schnitt bei zusätzlich 0,60 DM pro Minute plus Anzeigegebühren von 1,- bis 5,- DM für die aufgefundenen Dokumente und Datensätze.

Tabelle 4-3: Von FIZ-Technik angebotene Datenbanken

ABC der Deutschen Wirtschaft (ABCD)	Ärzte Zeitung (AEZT)
BDI Die Deutsche Industrie (BDID)	EcoNovo - Handelsregister Veränderungen (ECNE)
Eco Register - Handelsregistereintragungen (ECCO)	IPC - Patentklassifikation (PATK)
KOMPASS Deutschland - Einkauf und Marketing in Deutschland (KOMD)	Patentdatenbank Technik (PATE)
Regelwerke, DIN (DITR)	Technik und Management (TEMA)
VDI-Nachrichten (VDIN)	Wer liefert was? (WLWD)

Tabelle 4-4: Von GBI angebotene Datenbanken

Blick durch die Wirtschaft	BLISS -Betriebswirtschaft
Creditreform Firmenprofile	DER SPIEGEL
Die Woche	ECONIS-Volkswirtschaft
FITT -Wirtschaftspresse	FOCUS
Frankfurter Allgemeine Zeitung	Hoppenstedt Firmenprofile
HWWA - Wissenschaft und Praxis	Lebensmittel Zeitung
manager magazin	MIND - Finanz- und Kreditwesen
Neue Zürcher Zeitung	planung und analyse
PSYN - Psychologie	Rhein-Main-Online
SOLIS - Soziologie	Stuttgarter Zeitung
Süddeutsche Zeitung	taz - die tageszeitung
WAO - Politik und internationale Beziehungen	

Tabelle 4-5: Von Genios angebotene Datenbanken

absatzwirtschaft	AFP-Nachrichtendienst
BDI-Die deutsche Industrie	Berliner Zeitung
DER BETRIEB	Branchenadressbuch Berlin
BUSINESS	Computer Zeitung
Computerwoche	Creditreform
Datenschutzberater	Deike - Gedenktage
Deike - Kultur/Sport	Deutscher Drucker
DFI	DFZ
DM Wirtschaftsmagazin	ENTSORGA-MAGAZIN
Ernährungsdienst	Firmeneinträge Hamburg (Dumrath & Fassnacht)
Firmeneinträge Mecklenburg-Vorpommern (Dumrath & Fassnacht)	Firmeneinträge Sachsen (Dumrath & Fassnacht)
food-service	Frankfurter Neue Presse
Frankfurter Rundschau	Geld
Handelsblatt	Hoppenstedt
HORIZONT Online	IHK-Datenbanken
ISIS Software Access	IVW
Lebensmittel Praxis	Lebensmittel Zeitung
m+a Messeplaner	manager magazin
Mediathek	mid Motor Inform.-Dienst
MTP	Neue Gastronom. Zeitschrift
PASSWORD	Rhein-Zeitung
Sicherheits-Berater	DER SPIEGEL
Stuttgarter Zeitung	Süddeutsche Zeitung
Der Tagesspiegel	TextilWirtschaft
VDI-Nachrichten	VZM

WER IST WER?	Wer liefert was?
WHO' S WHO?	WID-Nachrichten
Wirtschaftswoche	DIE ZEIT
ZIS	ZVEI-Die deutsche Elektroindustrie

Tabelle 4-6: Juris Datenbanken

Aufsätze	Bundesrecht
Pressemitteilungen	Rechtsprechung

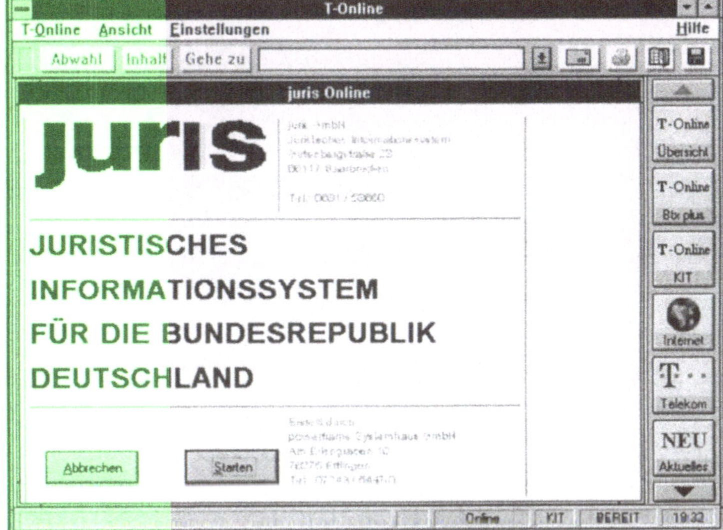

Bild 4-4: Das Juris-Angebot in T-Online

5 Voraussetzungen

Es erfordert keinen großen finanziellen und technischen Aufwand, um die Voraussetzungen dafür zu schaffen, den eigenen PC mit anderen Computern verbinden zu können. Man braucht ein Modem für das normale, analoge Telefonnetz oder eine ISDN-Karte für das digitale Netz, ein geeignetes Kommunikationsprogramm und einen Zugang zu Datennetzen und Hosts.

5.1 Das Modem

Das Modem ist ein Gerät, das die Zeichen des Computers in akustische Signale übersetzt und umgekehrt.

Ein Computer "versteht" im Grunde nur positive und negative Ladung, ausgedrückt in den Zeichen 0 und 1. Er verschlüsselt alle Buchstaben, Zahlen usw. in sog. "binäre" Codes, d.h. jedem Buchstaben und jeder Zahl wird eine 8 Zeichen lange Kette aus Nullen und Einsen zugeordnet. Jedes einzelne dieser Zeichen nennt man ein Bit, und jedem Buchstaben entspricht eine spezifische Anordnung von 8 Bits, sie bilden ein Byte.

Sollen nun Zeichen übertragen werden, dann übersetzt (moduliert) das Modem die Nullen und Einsen in hohe bzw. tiefe Töne (analoge Signale), die dann über die Telefonleitung übertragen werden. Diese Töne werden vom Modem eines anderen Computers aufgenommen und in Nullen und Einsen zurückübersetzt (demoduliert).

Modems unterscheiden sich vor allem in der Geschwindigkeit, mit der sie Daten übertragen; die Geschwindigkeit wird in Bit pro Sekunde (Bit/s oder Bps) angegeben.

Ein Modem mit einer Übertragungsgeschwindigkeit von 14.400 Bit/s überträgt 14.400 Bit pro Sekunde; bei 8 Bit pro Byte werden also pro Sekunde 1800 Bytes übertragen. Je nach Modemtyp ist es durch Datenkompression außerdem möglich, die Menge der übertragenen Daten weiter zu erhöhen.

Die Art, wie die Daten übertragen werden, wie schnell, ob sie komprimiert übertragen werden, welche Kontrollmechanismen benutzt werden, um zu vermeiden, daß es zu Fehlern bei der Übertragung kommt, ist in Protokollen festgelegt. Diese Protokolle sind Ergebnisse von internationalen Standardisierungen. Ein Gremium, das bei der Entwicklung solcher Standardisierungen im Bereich der Tele- und Datenkommunikation in den letzten Jahren eine wichtige Rolle gespielt hat, ist die Internationale Telekommunikations Union (International Télégraphique et Téléphonique (ITT) - International Telecommunication Union (ITU)), eine Organisation der UNO.

Diese Standardisierungen sind deshalb so wichtig, weil Kommunikation zwischen Partnern nur dann funktioniert, wenn sie sich derselben Sprache bedienen und vor allem die gleiche Geschwindigkeit benutzen. Wichtige Standardisierungen für Modems wurden in den CCITT-Empfehlungen[1] festgehalten; beim Kauf eines Modems sollte man sehr genau darauf achten, welche der CCITT/ITU-Empfehlungen unterstützt werden.

Tabelle 5-1: CCITT/ITU-Empfehlungen

CCITT/ITU-Empfehlung	Bit/s
V.21	300
V.22	1.200
V.23	1.200 Empfangen -75 Senden (altes BTX)
V.22bis	2.400
V.32	4.800-9.600

[1] CCITT:Comité Consultatif International Télégraphique et Téléphonique; ITU: International Telecommunication Union.

V.32bis	4.800-14.400
V.34	2.400-28.800
V.42	Fehlerkorrekturprotokoll
V42bis	Datenkompressionsprotokoll; 14.4er Modems können damit theoretisch einen Datendurchsatz von 56.000 Bit/s erreichen.
Verbreitet sind außerdem von der Firma Microm die Fehlerkorrekturprotokolle MNP 2-4 (MNP: Microm Networking Protocol) und das Datenkompressionsprotokoll MNP 5, was allerdings nur halb so effektiv ist wie V42bis.	
ITU im Internet	http://www.itu.ch/

Neben den CCITT/ITU-Empfehlungen sollte man außerdem darauf achten, daß das Modem Hayes-kompatibel ist. Der Modemhersteller Hayes hat eine Programmiersprache für Modems entwickelt, die sich als Standard durchgesetzt hat; die meisten Programme benutzen die Befehle dieser Sprache, um das Modem zu steuern.

Man unterscheidet interne und externe Modems, je nachdem, ob sie als Steckkarte in den PC eingesteckt werden und sich innerhalb des Gehäuses befinden, oder ob sie von außen mit einem Kabel über die seriellen Schnittstellen verbunden werden.

Angesichts des Preisverfalls für Modems, die heute Hochgeschwindigkeitsmodems von 28.800 Bit/s erschwinglich gemacht haben, sollte man kein Modem kaufen, das weniger als 14.400 Bit/s überträgt.

5.2 Software

Die Hardware allein reicht wie bei den meisten Computeranwendungen nicht aus. Um mit anderen Computern zu kommunizieren, braucht man neben einem Modem auch die entsprechende Software.

Programme, die diese Funktion übernehmen, heißen Kommunikations-, Terminal- oder auch DFÜ-Programme (DFÜ: Datenfernübertragung). Kommunikationsprogramme wurden in letzter Zeit als Zubehör mit Betriebssystemen wie Windows, OS/2 Warp und Windows 95 ausgeliefert. Bekannte Programme für DOS bzw. Windows sind Telix, Procomm, Terminate. Will man T-Online nutzen, so braucht man außerdem einen speziellen T-Online- Dekoder.

Bevor zwei Computer Daten austauschen können, müssen Vereinbarungen über den Ablauf der Kommunikation getroffen werden; dazu gehört u.a., welcher der beiden Rechner wann und wie lange sendet, wie der Empfang von Daten bestätigt wird und was bei Übertragungsfehlern passieren soll. Diese Probleme werden mit Hilfe von Kommunikationsprotokollen gelöst.

Für den Ablauf einer Übertragung wurden Regeln aufgestellt, um eine fehlerhafte Datenübermittlung zu vermeiden. Nur wenn die verbundenen Rechner beide das gleiche Übertragungsprotokoll benutzen, können Daten übertragen werden.

Die oben erwähnten CCITT/ITU-Empfehlungen beziehen sich auf die Hardware und behandeln vor allem die Geschwindigkeiten von Modems. Daneben gibt es Protokolle, die von Übertragungsprogrammen benutzt werden. Diese Übertragungsprotokolle legen fest, wie die Übertragung von Daten erfolgen soll. Das X-Modem-Protokoll z.B. überträgt die Daten in 128 Byte langen Blöcken; bestimmte Signale zeigen den Beginn und das Ende der Datenübertragung an.

Tauchen zuviele Fehler bei der Übertragung auf, wird die Übertragung abgebrochen. Die meisten Kommunikationsprogramme unterstützen nicht nur eines, sondern eine ganze Anzahl verschiedener Übertragungsprotokolle.

Die Übertragung von Dateien ist aber nur ein Bereich der Datenkommunikation. Im Falle der Online-Recherche geht es nicht so sehr um die Übertragung von Dateien, sondern um die Verbindung des eigenen PC mit einem Großrechner. Damit der eigene PC mit einem Großrechner kommunizieren kann, muß er sich in eines seiner Terminals verwandeln. Der Großrechner "kennt" nur eine bestimmte Anzahl von Peripheriegeräten, dazu gehören die Terminals, von denen er Befehle entgegennimmt und an die er Daten ausgibt. Weil er einen PC nicht kennt, muß man diesen in einen Terminal verwandeln; diese Verwandlung geschieht mit Hilfe einer Terminal-Emulation.

Die meisten Programme besitzen verschiedene Terminal-Emulationen. Welche man braucht, hängt vom angewählten Rechner ab. Eine der verbreitetsten Emulationen ist die VT-100 Emulation. Damit wird ein Terminal emuliert, der von Digital Equipment Corporation (DEC) millionenfach produziert worden ist.

Im Falle einer Online-Recherche findet die Ausgabe der aufgefundenen Informationen am Bildschirm statt, und weil die Recherche in der Regel Geld kostet und Zeit kostbar ist, wäre es ein teurer Spaß, wenn man alle Informationen, die auf dem Bildschirm erscheinen, sofort lesen und verstehen müßte. Wichtig ist, daß ein Kommunikationsprogramm in der Lage ist, die empfangenen Daten mitzuprotokollieren und in einer Datei abzuspeichern. Denn nur dann kann man sich nach Beendigung der Verbindung in aller Ruhe die Ergebnisse ansehen und sie weiterverarbeiten.

5.3 Weitere Voraussetzungen

Es bedarf nicht nur eines Modems und eines DFÜ-Programms. In den seltensten Fällen können Datennetze, Online-Dienste und Datenbanken kostenlos genutzt werden. Bevor ein Host einem Einlaß gewährt, wird man nach einer Benutzerkennung und einem Paßwort gefragt. Ohne die kommt man fast nie weiter. Anstatt der Bezeichnung Benutzerkennung findet man auch User ID, Login, ID, Kennung o.ä.

Für die Nutzung des Datex-P-Netzes über den Dienst Datex-P20F oder P 20 I braucht man eine Benutzerkennung, eine Network User Identification (NUI), die man bei seinem Fernmeldeamt erhält.

Wer das Internet nutzen will und an einer Universität eingeschrieben oder beschäftigt ist, muß sich mit dem Rechenzentrum seiner Hochschule oder dem EDV-Beauftragen seines Fachbereichs in Verbindung setzen und dort eine Nutzerkennung beantragen. Wer keiner Universität angehört, muß einen Vertrag mit einem Internet-Anbieter (Provider) abschließen.

Mit den Online-Diensten (T-Online, CompuServe) und Datenbankanbietern ist ebenfalls der Abschluß eines Vertrages erforderlich; ohne eine solche Nutzungsvereinbarung erhält man in den meisten Fällen keinen Zugang zu den Datenbanken. Manchmal kann man sich online registrieren lassen, meistens geschieht das jedoch schriftlich; erst nach Abschluß des Vertrages erhält man Benutzerkennung und Paßwort.

Tabelle 5-2: Voraussetzungen für die Online-Recherche

Telefonanschluß (analog/ISDN)
Modem oder ISDN-Karte
Kommunikationsprogramm (evtl. T-Online Dekoder)
Datennetzzugang (Datex-P; Internet-Zugang)
Vertrag mit Datenbankanbieter bzw. Online-Dienst

5.4 Kosten

Bevor man ein Modem kauft, sollte man sich in den entsprechenden Computerzeitschriften gründlich über die aktuellen Angebote informieren. Der Markt für Modems verändert sich laufend. War vor wenigen Jahren ein 2400-Bit/s-Modem schon der Sportwagen unter den Modems, für den man zwischen 500 DM und 1000 DM bezahlen mußte, so bekommt man heute für dieses Geld zehnmal so schnelle 28.800-Bit/s-Modems und ISDN-Karten.

Im Shareware und Public Domain Bereich werden sehr leistungsfähige und preiswerte DFÜ-Programme angeboten; häufig sind Kommunikationsprogramme und Anmeldegutscheine für Online-Dienste wie CompuServe oder T-Online beim Kauf eines Modems enthalten.

Die Host-Anmeldung selbst ist häufig kostenlos. Wenn eine Anmeldegebühr erhoben wird, sind darin meist einige Stunden Einarbeitungszeit, Handbücher und manchmal auch ein spezielles Kommunikationsprogramm enthalten. In manchen Fällen wird eine Jahresgebühr erhoben, die bei der Anmeldung fällig wird.

Bevor man sich für einen Anbieter entscheidet, sollte man sich gründlich über die angebotenen Datenbanken und die Kostenstruktur informieren und sie mit anderen Online-Diensten vergleichen. Dabei sollte man auch die Übertragungsgebühren (Telefon- und Datennetzgebühren), die entstehen können, berücksichtigen.

6 Kommunikationsprogramme

Eine Voraussetzung für die Online-Recherche ist ein funktionsfähiges Kommunikationsprogramm. Es gibt eine ganze Reihe von Programmen unterschiedlicher Qualität und Preisklasse.

Von Online-Diensten und Datenbankanbietern werden zum Teil eigene Programme angeboten, so hat CompuServe den CompuServe Information Manager (CIM) entwickelt, der für verschiedene Betriebssysteme und Rechnertypen zur Verfügung steht. Für die Nutzung von T-Online gibt es spezielle Dekoder, die es von unterschiedlichen Herstellern ebenfalls für verschiedene Betriebssysteme gibt.

Datenbankanbieter wie z.B. ECHO, Dialog, Data-Star, STN, Lexis-Nexis haben spezielle Programme für die Benutzung ihrer Dienste und Datenbanken entwickelt, die die Suche vereinfachen und angenehmere Benutzeroberflächen zur Verfügung stellen als reine Terminalemulationen.

Es ist an dieser Stelle nicht möglich, alle Programme mit ihren Vor- und Nachteilen vorzustellen. Anhand von einigen Beispielen soll lediglich auf Grundprobleme eingegangen werden, die bei der Konfiguration jedes Kommunikationsprogramms gelöst werden müssen. Detailliertere Informationen zum jeweiligen Programm enthalten die entsprechenden Handbücher.

6.1 Grundeinstellungen

Bei der Auswahl eines Modems stehen grundsätzlich 2 Möglichkeiten zur Verfügung: intern oder extern. Entweder das Modem wird als Steckkarte in einen freien Slot des Computers eingesteckt, oder es wird über eine der vorhandenen seriellen Schnittstellen mit einem Kabel verbunden.

Bevor mit einem Kommunikationsprogramm gearbeitet werden kann, muß es eingerichtet werden. Für die Einrichtung ist es notwendig zu wissen, welche Port-Adressen und welche Interrupts (IRQ) von Modem bzw. serieller Schnittstelle belegt werden.

Bild 6-1: Microsoft Diagnostics

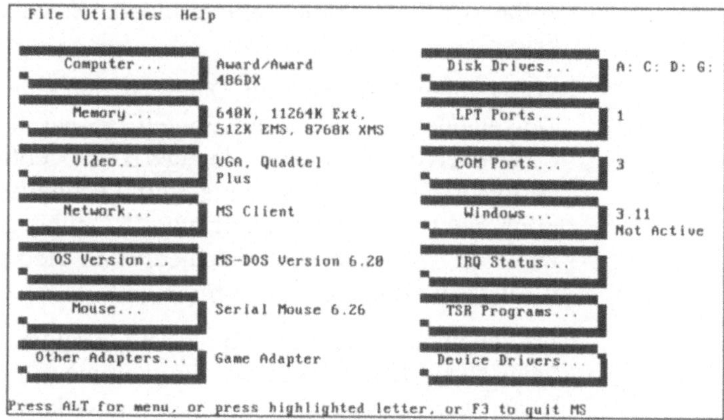

Hierzu kann man sich eines Programms wie Microsoft Diagnostics (MSD) bedienen, das Bestandteil von MS-DOS 6.2 und Windows ist. Das Programm befindet sich im DOS und/oder Windows-Unterverzeichnis und wird mit MSD.EXE aufgerufen.

Im Menüpunkt „Com Ports" kann man sich die Port-Adressen anzeigen lassen.

Bild 6-2:
COM-Ports

COM Ports

	COM1:	COM2:	COM3:	COM4:
Port Address	03F8H	02F8H	03E8H	N/A
Baud Rate	1200	2400	2400	
Parity	None	None	None	
Data Bits	7	8	8	
Stop Bits	1	1	1	
Carrier Detect (CD)	No	No	No	
Ring Indicator (RI)	No	No	No	
Data Set Ready (DSR)	No	No	No	
Clear To Send (CTS)	No	No	Yes	
UART Chip Used	16550AF	16550AF	16550AF	

OK

Sie lauten: COM 1: 03F8, COM 2: 02F8 und COM 3: 03E8. Im Menü „IRQ Status“ sind die zugeordneten IRQs aufgeführt. COM 1 belegt IRQ 4, und COM 2 belegt IRQ 3.

Bild 6-3:
IRQ Status

File Utilities Help

IRQ Status

IRQ	Address	Description	Detected	Handled By
0	1CC5:0064	Timer Click	Yes	BIOS
1	1CC5:0069	Keyboard	Yes	BIOS
2	F000:EF6F	Second 8259A	Yes	BIOS
3	F000:EF6F	COM2: COM4:	COM2:	BIOS
4	DAA7:1297	COM1: COM3:	COM1: COM3: Serial	MMOUSE
5	F000:EF6F	LPT2:	No	BIOS
6	0A43:00B7	Floppy Disk	Yes	Default Handlers
7	0070:06F4	LPT1:	Yes	System Area
8	0A43:0052	Real-Time Clock	Yes	Default Handlers
9	F000:ECF3	Redirected IRQ2	Yes	BIOS
10	F000:EF6F	(Reserved)		BIOS
11	F000:EF6F	(Reserved)		BIOS
12	F000:EF6F	(Reserved)		BIOS
13	F000:F0FC	Math Coprocessor	Yes	BIOS
14	0A43:0117	Fixed Disk	Yes	Default Handlers
15	0A43:012F	(Reserved)		Default Handlers

OK

IRQ Status: Displays current usage of hardware interrupts.

In diesem Falle ist COM1 durch eine Maus belegt, sie steht für ein Modem nicht zur Verfügung. Ein externes Modem kann hier also nur an die 2. serielle Schnittstelle angeschlossen werden. Es würde COM2 mit dem IRQ 3 und der Port-Adresse 02F8 belegen.

Ein internes Modem könnte als COM 3 oder COM 4 eingerichtet werden. Allerdings sollte es vermieden werden, denselben IRQ wie COM1 oder COM2 zu benutzen, weil es zu

Problemen mit der an COM1 angeschlossenen Maus bzw. dem an COM2 angeschlossenen Gerät käme. Unter OS/2 Warp ist eine Doppelbelegung von IRQs nicht möglich.

Im vorliegenden Falle wird dem internen Modem COM 3 mit IRQ 5 und der Port-Adresse 03E8 zugeordnet. IRQ 5, der für eine 2. parallele Schnittstelle reserviert ist, ist frei und kann benutzt werden.

Die Zuordnung geschieht in diesem Falle bei dem Modem selbst. Über DIP-Schalter lassen sich unterschiedliche serielle Schnittstellen (COM), IRQs und Port Adressen an der Modemkarte selbst einstellen. Wie man bei seinem eigenen Modem vorzugehen hat, beschreibt das mitgelieferte Handbuch.

Nachdem die Grundfragen geklärt sind, nämlich welcher COM-Port welcher Adresse und welchem IRQ zugeordnet ist, kann die Einstellung der Software erfolgen.

Bei Kommunikationsprogrammen, die unter MS-DOS laufen, müssen alle Einstellungen bei den jeweiligen Programmen vorgenommen werden.

Bei dem Programm Terminate beispielsweise muß im Menü „Configuration" [Alt]+[O] das Untermenü „Communications Setup/Configure comports" aufgerufen werden, um die Einstellung der COM-Ports vorzunehmen. Hier muß dem Programm mitgeteilt werden, an welchem COM-Port unter welcher Adresse und mit welchem IRQ ein Modem zur Verfügung steht.

Bei Programmen, die unter den Betriebssystemen Windows 3.1X, Windows 95 und OS/2 Warp laufen, muß ein Teil der Einstellungen beim Betriebssystem und ein Teil bei dem jeweiligen Programm vorgenommen werden.

6.2 Windows 3.1X

Bei Windows muß in dem Fenster „Hauptgruppe" das Menü „Systemsteuerung" ausgewählt werden. Im Fenster „Systemsteuerung" wählt man dann das Icon „Anschlüsse" aus. Hier muß überprüft werden, ob die Einstellungen für

COM1 bis COM3 mit den tatsächlichen Einstellungen des Rechners übereinstimmen.

Wichtig ist vor allem das Fenster „Weitere Einstellungen“; hier werden Port-Adressen (man findet auch die Bezeichnung I/O-Adressen) und IRQs eingegeben. COM3 hat in unserem Beispiel die Port-Adresse 03E8 und benutzt den IRQ 5.

Nachdem unter Windows die Einstellungen für die seriellen Anschlüsse eingetragen worden sind, muß Windows zunächst neu gestartet werden, damit die Eintragungen auch aktiv werden. Danach können das jeweilige Kommunikationspro-gamm aufgerufen und weitere Einstellungen vorgenommen werden.

Bild 6-4: Einstellung der COM-Ports unter Windows

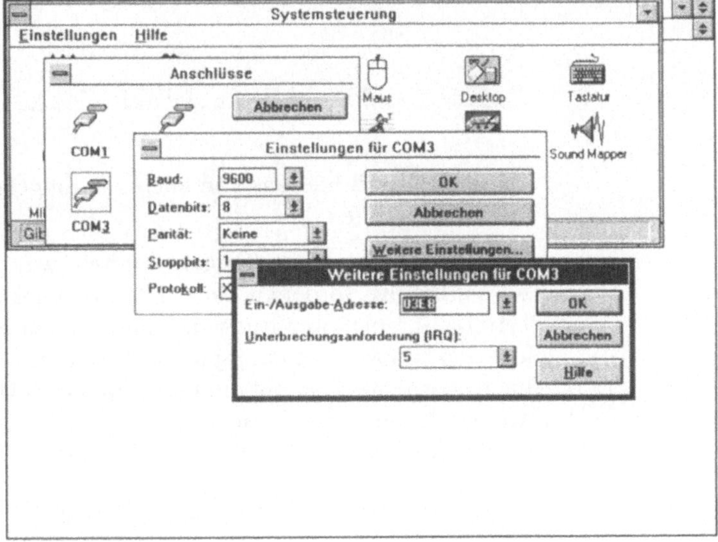

Bild 6-5: Das Windows Terminal-Programm

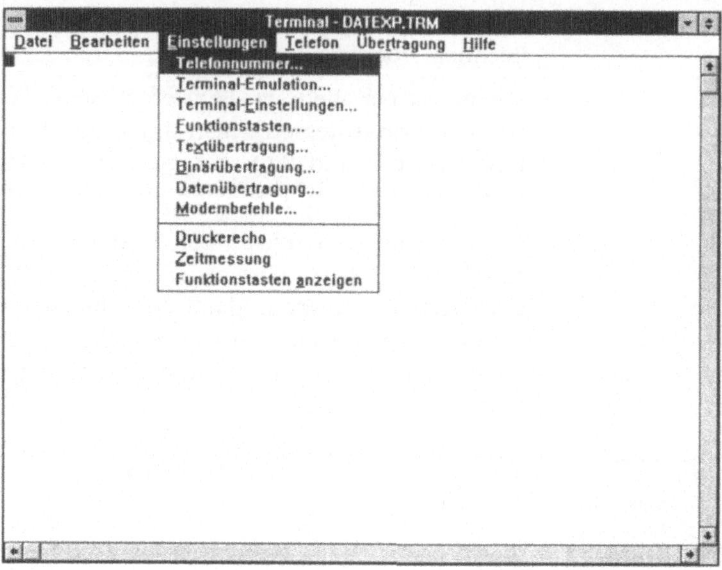

Als Beispiel soll hier das von Microsoft mitgelieferte Terminal-Programm dienen.

Im Menüpunkt „Einstellungen“ stehen weitere Untermenüs zur Verfügung, in denen die Telefonnummer eingegeben, die Terminal-Emulation ausgewählt, die Datenübertragung festgelegt und das Modem konfiguriert werden müssen.
Im Untermenü „Datenübertragung“ müssen Geschwindigkeit, Art der Datenübertragung und der serielle Anschluß ausgewählt werden. Die Einstellung der Geschwindigkeit ist von der des Modems abhängig, und man sollte hier die eigene mögliche Höchstgeschwindigkeit einstellen, damit das Modem zunächst versucht, die schnellste Verbindung aufzubauen. Stellt sicht beim Verbindungsaufbau dann heraus, daß die Gegenstelle langsamer ist, dann paßt sich das Modem der niedrigeren Geschwindigkeit an. In diesem Falle werden 19200 Baud[1] eingestellt und als Anschluß COM3 ausgewählt.

---

[1] Baud ist neben Bit/s eine andere verbreitete Maßeinheit für die Geschwindigkeit bei der Datenübertragung.

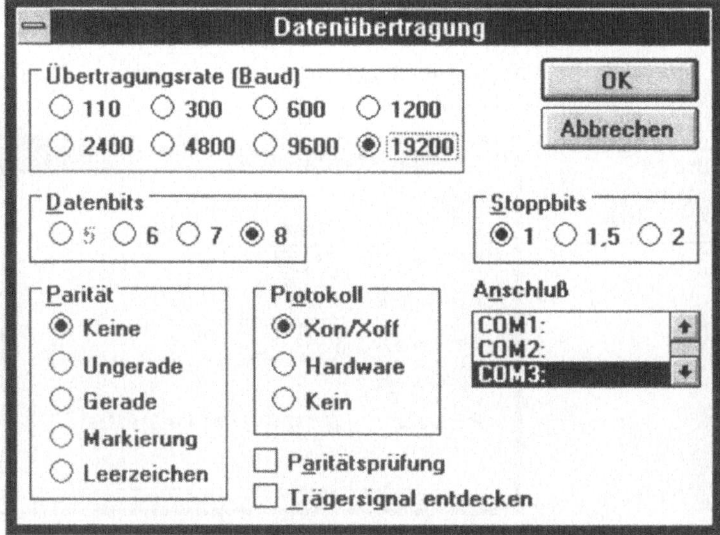

Bild 6-6: Die Einstellungen im Menü „Datenübertragung"

Neben der Geschwindigkeit ist außerdem festzulegen, wie die Daten ausgetauscht werden. Verbreitet sind 2 Möglichkeiten, die einem häufig in Kurzform begegnen, und zwar als "E,7,1" oder als "N,8,1". E steht für Even (gerade), N steht für No, 7 bzw. 8 stehen für die Zahl der Datenbits und 1 für das Stoppbit.

E,7,1 steht für 7 Datenbits, gerade Parität und 1 Stoppbit, während N,8,1 für keine Parität, 8 Datenbits und 1 Stoppbit steht. Was bedeutet das nun? Bei der Datenübertragung E,7,1 wird zuerst ein Startbit, dann die 7 Bits des Zeichens und ein Stoppbit übertragen; außerdem wird die Parität, d.h. die Vollständigkeit der Übertragung überprüft. Bei der Übertragung N,8,1 werden die 8 Bit des Zeichens und ein Stoppbit übertragen; eine Paritätsprüfung findet nicht statt.

Welches dieser beiden Verfahren man auszuwählen hat, hängt von dem Kommunikationspartner auf der anderen Seite ab. Bei der Beschreibung von Einwählknoten wird in der

Regel darauf hingewiesen, wie die Übertragung erfolgt. In diesem Beispiel ist „N,8,1“ eingestellt.

Xon/Xoff überprüfen und signalisieren Empfangsbereitschaft.

Bild 6-7: Das Modem konfigurieren

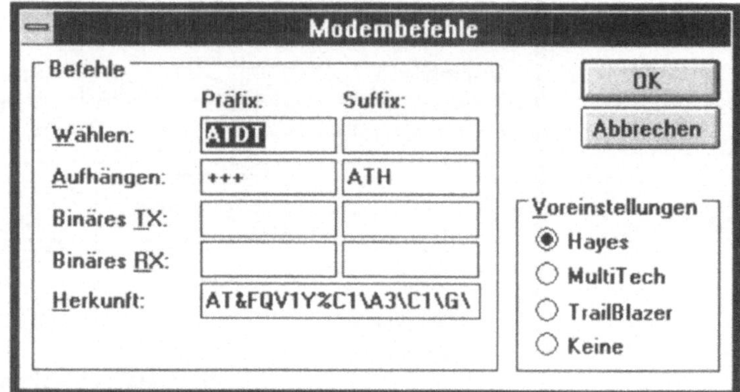

Im Unterpunkt Modembefehle erfolgt die Konfiguration des Modems. Mit einer Reihe von Befehlen, die aus alphanumerischen Zeichen bestehen, wird das Modem für die jeweilige Kommunikationsaufgabe vorbereitet. Die meisten Modems sind Hayes-kompatibel, d.h. sie werden mit dem Hayes-Befehlssatz gesteuert. Auf welche Befehle das eigene Modem hört, steht im Handbuch.

"AT" steht für "Attention" (Achtung); damit wird eine Befehlssequenz eingeleitet. Im Punkt „Wählen“ wird zunächst das Wahlverfahren, Ton- (DT: Dial Tone) oder Pulswahl (DP: Dial Pulse) festgelegt. Wer im Bereich einer digitalen Vermittlungsstelle ist, kann das schnellere Tonwahlverfahren auswählen. Wer von einer Nebenstelle aus das Modem einsetzt, muß das Tonwahlverfahren auswählen. Im Punkt Aufhängen ist die Befehlssequenz einzugeben, die das Modem zum Auflegen veranlaßt, in disem Fall „ATH“.

Unter Herkunft schließlich ist der Initalisierungsstring (Ini-String) für das Modem einzugeben. Bei der Konfiguration eines Modems ist der Ini-String eines der wichtigsten Elemente. In diesem Beispiel lautet der Inistring:

AT&FQV1Y%C1\A3\C1\G\J\N6\V1

Mit „AT" wird das Modem in Befehlsempfangsbereitschaft versetzt. Mit „&F" wird die Werkseinstellung geladen, mit „Q" wird das Modem veranlaßt, Rückmeldungen auszugeben, und „V1" legt fest, daß diese Rückmeldungen als Text erfolgen sollen. „Y" legt fest, daß der Verbindungsabbau nicht mit BREAK erfolgen soll. „%C1" schaltet die Datenkompression ein, „\A3" legt die Datenblocklänge auf 256 Bytes fest, „C1" legt fest, daß Daten beim Verbindungsaufbau gespeichert und weitergeben werden, falls kein gesicherter Betrieb zustandekommt. „\G" legt fest, daß von der Modemseite keine Datenflußkontrolle erfolgen soll. Mit „\J" werden unterschiedliche Geschwindigkeiten auf Rechner- und Modemseite angepaßt. Mit „\N6" wird zunächst versucht, eine Verbindung nach V.42bis bzw. V.42 aufzubauen; kommt keine V.42 bzw. V.42bis Verbindung zustande, wird versucht, in den MNP-Betrieb zu schalten; gelingt dies ebenfalls nicht, wird in den Normalmodus umgeschaltet.

Das V.42bis Protokoll ist ein Datenkompressionsverfahren, das einen Datendurchsatz von 57.600 bit/s erreichen kann; V.42 ist ein Fehlerkorrekturprotokoll. MNP5 ist ebenfalls ein Datenkompressionsverfahren; es kann die Datenübertragungsrate bei Modems im Idealfall von 14.400 Bit/s auf 38.400 Bit/s erhöhen.

„\V1" schließlich sorgt dafür, daß die erweiterten V.42/MNP-Verbindungsmeldungen eingeschaltet werden.

Wenn man in Nebenstellenanlagen versucht, ein Modem einzusetzen, dann muß dem Inistring häufig der Befehl X1 oder X3 hinzugefügt werden, weil in Nebenstellenanlagen der interne Wählton nicht als Amtszeichen identifiziert wird. Das Modem beginnt deshalb gar nicht erst, irgendeine Nummer zu wählen. X1 oder X3 schaffen hier in der Regel Abhilfe. Im Zweifelsfall hilft auch hier ein Blick in das eigene Handbuch.

Warnung!

Der hier aufgeführte Ini-String ist ein Beispiel, er bezieht sich nur auf einen einzigen Modemtyp. Bei anderen Modems kann dieser Ini-String zu völligen Fehleinstellungen führen.

Mit ein und demselben Ini-String kann man nicht mit allen Datennetzen und Online-Diensten eine optimale Verbindung herstellen. T-Online und CompuServe z.B. haben deshalb für die unterschiedlichen Modem-Typen Konfigurationsvorschläge erarbeitet.

Mit der Auswahl des COM-Ports, der Festlegung der Geschwindigkeit und der Eingabe des Initalisierungsstrings sind die wesentlichen Einstellungen, die bei jedem Kommunikationsprogramm vorgenommen werden müssen, erfolgt. Damit sind zunächst einmal die Grundvoraussetzungen erfüllt.

Abhängig von dem angerufenen Rechner muß jetzt noch die Telefonnummer und die Terminalemulation eingestellt werden. Viele Terminalprogramme verfügen über Anwahlverzeichnisse, in denen die häufig anzuwählenden Telefonnummern abgelegt und wo für jeden Kommunikationspartner unterschiedliche Nutzerprofile und automatisierte Login-Skripts zugeordnet werden können, so daß die Anwahl-Prozedur weitgehend automatisch abläuft.

Bekannte Kommunikations-Programme für Windows sind Procomm Plus, Telix und Crosstalk.

6.3 OS/2 Warp

Bevor man unter OS/2 Warp auf ein Modem zugreifen kann, müssen die seriellen Schnittstellen, ihre Port-Adressen und ihre IRQs in der Datei „CONFIG.SYS" aufgeführt werden.

In unserem Beispiel existiert COM1; der Anschluß ist von einer Maus belegt. COM2 steht als serielle Schnittstelle für ein externes Modem zur Verfügung, und COM 3 wird von einem internen Modem belegt. Diese Konfiguration wird in der „CONFIG.SYS" folgendermaßen eingetragen:

DEVICE= X:\OS2\BOOT\MOUSE.SYS Serial=COM1

DEVICE= X:\OS2\BOOT\COM.SYS (2, 2F8,3) (3,3E8,5,1)

X steht für das Laufwerk, auf dem OS/2 installiert ist. Die Angaben in der 1. Zeile beziehen sich auf die Maus. Die Reihenfolge, zuerst Maus, dann die anderen Geräte, darf nicht geändert werden.

In der 2. Zeile folgen die Angaben für die folgenden COM-Schnittstellen. In der 1. Klammer stehen die Angaben für COM2; die erste Zahl steht für die Nummer der seriellen Schnittstelle (2 für COM2); es folgt die Port-Adresse (2F8), die Null wird weggelassen, und dann folgt die Angabe für den IRQ (3).

Die 2. Klammer enthält die Angaben für die 3. serielle Schnittstelle, das interne Modem, zuerst die Nummer des COM-Ports (3), die Port-Adresse (3E8) und der benutzte IRQ (5). Das „I" steht für „Unerwartete Interrupts werden ignoriert", damit soll erreicht werden, daß Störungen bei der Datenübertragung nicht zum Systemabsturz führen.

Nachdem die „CONFIG.SYS" geändert worden ist, muß ein Systemabschluß durchgeführt und OS/2 neu gestartet werden, um die Einstellungen zu aktivieren. Danach müssen die Einstellungen bei den einzelnen Kommunikationsprogrammen vorgenommen werden. Die weitere Vorgehensweise entspricht im wesentlichen der oben beim Windows-Terminalprogramm geschilderten.

6.4 ISDN

Das digitale Telefonnetz ISDN kann mit Hilfe einer entsprechenden PC-Karte für die Datenübertragung genutzt werden. Die ISDN-Karte wird wie ein internes Modem in einen freien Slot des PCs eingesteckt. Ein Kommunikationsprogramm, mit dem man sowohl ISDN-Karten als auch Modems ansprechen kann, ist das DOS-Programm Telemate 3.0. Das Programm unterstützt die Bitratenadaption nach der Norm V.110, so daß mit diesem Programm ein Zugang von ISDN aus zum Datex-P-Knoten möglich ist (Datex-P 20I).

Durch eine Modememulation ist es möglich, daß die ISDN-Karte von dem Programm wie ein Modem behandelt werden kann, das eine serielle Schnittstelle (COM-Port) belegt.

Bevor das Programm Terminate gestartet wird, wird ein Modememulationsprogramm (Fossil-Treiber), in diesem Fall das Programm cFos/Plus, geladen und anschließend Telemate. Telemate ist ein DOS-Programm, das in vielen Punkten an die DOS-Versionen von Telix und Procomm erinnert. Die Tastenkombination Alt+Z ruft einen Überblicksbildschirm auf.

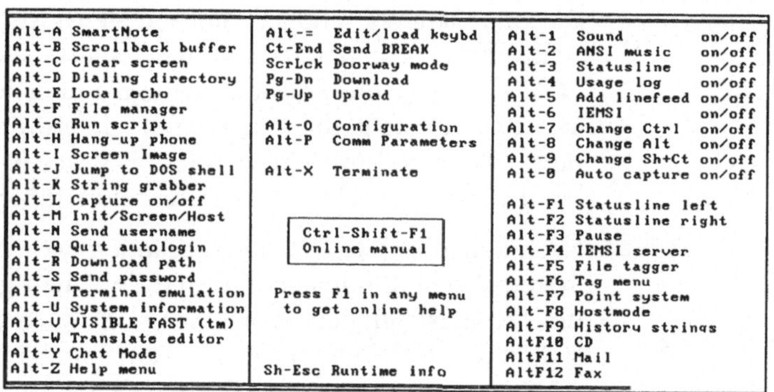

Bild 6-8: Terminate Überblicksbildschirm

Mit Alt+O (Configuration) wird der Konfigurations-Bildschirm aufgerufen, in dem die wesentlichen Einstellungen vorgenommen werden. Im Menüpunkt „Modem and Dialing" werden im Untermenü „Install Modem" ISDN-Karte bzw. Modem eingerichtet.

Bild 6-9: Telemate Konfigurations-Menü

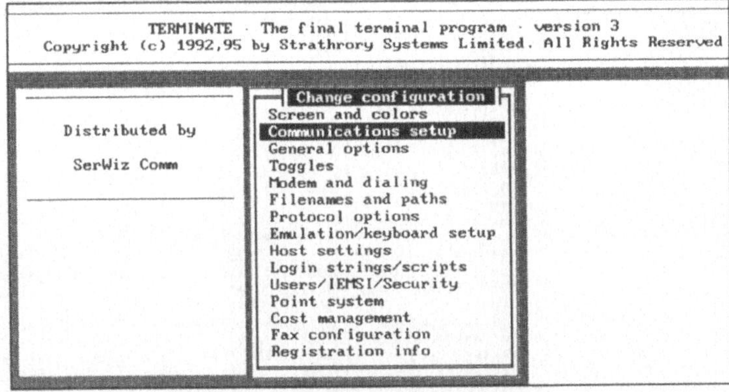

Über den Menüpunkt „Communication setup“ wird das standardmäßig benutzte Kommunikationsgerät als „Default Device“ ausgewählt, und über „Device Setup“ wird es entsprechend konfiguriert. Es lassen sich COM-Port, Inistring, Telefonbuch etc. einstellen. Bei dem hier dargestellten Inistring handelt es sich natürlich nicht um Hayes' Befehle; in diesem Falle werden die Kommandos von dem Programm cFos, das zwischen Terminalprogramm und ISDN-Kartentreibern sitzt, in Befehle für die ISDN-Karte übersetzt.

Bild 6-10: Kommunikationsgeräte konfigurieren

Communications setup

Device name	Device	Port	Baud	Com	Address	Irq	Vector
Async Modem COM1 8N1	16550A fifo	1	19200	8N1	$03F8	04	0C
Async Modem COM2 8N1	16550A fifo	2	9600	8N1	$02F8	03	0B
Async Modem COM3 8N1	16550A fifo	3	19200	8N1	$03E8	05	0D
Async Modem COM4 8N1	No UART	4	19200	8N1	$02E8	03	0B
Interrupt 14h	Interrupt 14h	1	9600	8N1			
▪ISDN: Teles 16 Bit S	Fossil	4	64000	8N1			
Fossil	Fossil	1	38400	8N1			
Async Modem COM2 7E1	16550A fifo	1	64000	7E1	$03F8	04	0C
Fax device	16550A fifo	3	19200	8N1	$03E8	05	0D

Configure comports
Check IRQ
Set default values
Auto installation

Async Professional 2.02 enhanced

▪ = Default device

Schließlich werden im Telefonbuch („Dialing Directory“), aufgerufen mit [Alt]+[D], die unterschiedlichen Einträge individuell konfiguriert.

Bild 6-11: Telefonbuch-einträge

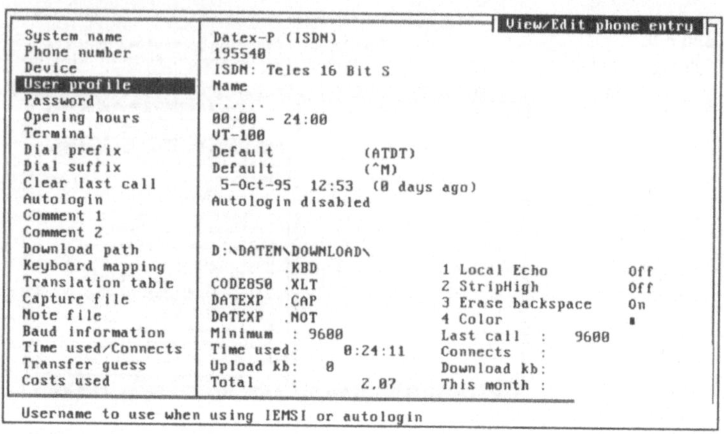

Es können Protokolldateien zugeordnet werden, die die Sitzungen jeweils automatisch mitprotokollieren, und es können Skripts erstellt werden, die Verbindungsaufbau, Eingabe der Kennung und des Paßworts automatisieren.

7 Bibliographien

7.1 Nationalbibliographien

Ein zentrales Problem, mit dem sich alle wissenschaftlichen Disziplinen gleichermaßen beschäftigen müssen, ist das Problem der Informationsgewinnung und -auswertung. Es geht um die richtige Auswahl von wissenschaftlichen Informationen aus einem immer schneller wachsenden Informationsangebot. Der Kern des Problems ist die schnelle und möglichst vollständige Erfassung des zu einem Thema vorhandenen Wissens.

Das Problem ist heute nicht, daß es zu einem Thema keine Veröffentlichungen gibt, sondern eine unübersehbare Menge. Die wissenschaftlichen Fachgebiete wachsen in Breite und Tiefe. Die bearbeiteten Fragestellungen werden immer differenzierter, und selbst Wissenschaftler derselben Fachrichtung wissen, wenn sie mit unterschiedlichen Themen befaßt sind, kaum etwas von den Fragestellungen und den Fachaufsätzen ihrer Kollegen.

Die Frankfurter Buchmesse verzeichnet rd. 100.000 Neuerscheinungen jährlich. Allein in der Bundesrepublik werden 600 Zeitungen und 20.000 Fach- und Publikumszeitschriften herausgegeben. Weltweit erscheinen in rd. 180 Ländern über 100.000 Fachzeitschriften. Für das Jahr 2025 prognostizieren Experten, daß sich dann die Informationsmenge pro Woche verdoppeln wird. Entscheidend für die Zukunft wird es also sein, aus einem überwältigenden Angebot eine schnelle zielgerichtete Auswahl treffen zu können, um nicht an der Informationsmenge zu ersticken.

Bereits vor der Verbreitung des Computers wurden unterschiedliche Methoden entwickelt, das vor allem in gedruckter Form in Büchern und Zeitschriften gespeicherte Wissen systematisch zu erfassen. Das wichtigste Hilfsmittel war und ist die Bibliographie, wie sie um 1500 mit der Entwicklung des

Buchdrucks entstand. Neben der Buchhandelsbibliographie, die auf den seit Mitte des 16. Jhd. erscheinenden Katalogen der Frühjahrs- und Herbstmessen in Leipzig und Frankfurt/Main basierten, entstand die Universalbibliographie. Eine der Ersten war die Mitte des 16. Jhd. veröffentlichte „Bibliotheca Universalis“ des Schweizers Conrad Gessner, die in 3 Bänden die antiken, mittelalterlichen und zeitgenössischen Autoren und ihre Werke nach Verfassernamen und Sachgruppen sortiert aufführte.

War das europäische Geistesleben bis in die Anfänge des 19. Jhd. übernational orientiert, - Lateinisch war die Sprache der Gelehrsamkeit, Französisch die Sprache der Gesellschaft - traten mit der Herausbildung der Nationalstaaten Ende des 18. Jhd. die an die jeweiligen Landessprachen gebundenen Kulturen des Bürgertums in den Vordergrund. Ihre bibliographischen Bedürfnisse, das Zensurinteresse der politischen Instanzen und das starke Anwachsen der Buchproduktion führten zum Entstehen von Nationalbibliotheken und Nationalbibliographien.

Das Britische Museum wurde 1759 eröffnet, in Frankreich wurde die „Bibliothèque Royale“ im Zuge der Französischen Revolution 1792 zur „Bibliothèque Nationale“; 1800 wurde die Library of Congress und 1912 die Deutsche Bücherei (Leipzig) gegründet.

Unter "Nationalbibliographie" versteht man sowohl amtliche als auch andere Verzeichnisse, die wenigstens einen Teil der Buchproduktion eines Landes erfassen. Im wesentlichen handelt es sich um die von den Nationalbibliotheken erstellten Nationalbibliographien und die Verzeichnisse des Buchhandels.

Den Nationalbibliographien liegen unterschiedliche Konzeptionen zugrunde. Bei der Territorialkonzeption werden alle Publikationen, die auf dem Gebiet des jeweiligen Landes erscheinen, in der Nationalbibliographie aufgeführt. Bei der Sprachkreiskonzeption wird die gesamte Literatur, die in der jeweiligen Sprache erscheint, verzeichnet.

Es gibt Konzeptionen, die auch die landeskundliche Literatur, die in anderen Sprachen erscheint, und Übersetzungen in fremde Sprachen zur Nationalliteratur hinzuzählen.

Ursprünglich bezeichnete der Begriff Bibliographie ein Verzeichnis von Büchern. Heute, verbunden mit der Entstehung neuer Medien, bezeichnet man mit Bibliographie neben der Verzeichnung von Druckschriften, wie Monographien und Aufsätzen, auch die von Mikroformen wie Mikrofilm und Mikrofiche, von audiovisuellen Medien wie Film, Musik und Fotos und die von maschinen-lesbaren Daten. Unter Bibliographie wird heute "die Verzeichnung aller verfielfältigten und öffentlich vertriebenen Medien"[1] verstanden. Aufgabe und Zweck von Bibliographien ist die Beschreibung und sachliche Erschließung von Medien. Beschrieben wird ein Medium durch die Angabe der Formalien, die meist dem Titelblatt entnommen werden.

Bei der Beschreibung von Medien hat es in den letzten Jahrzehnten eine Reihe von internationalen Vereinheitlichungen gegeben, um zu erreichen, daß nationale bibliographische Beschreibungen auch international übernommen werden können, und daß Titelaufnahmen, die in gedruckter Form vorliegen, mit geringem redaktionellen Aufwand in eine maschinenlesbare Form gebracht werden können.

Die formale bibliographische Beschreibung beinhaltet in der Regel folgende Angaben: Autor oder Herausgeber, Titel und Untertitel, Reihe, Ort, Jahr, International Standard Book Number (ISBN), eine internationale Kodierung für Bücher oder bei Zeitschriften die International Standard Serial Number (ISSN), eine internationale Kodierung für Periodika.

Die sachliche Erschließung reicht von der einfachen Zuordnung eines Schlagwortes, das rein formal aus Titel und/oder Untertitel abgeleitet wird, bis hin zur systematischen Zuord-

---

[1] Allischewski, Helmut, Bibliographienkunde. Ein Lehrbuch mit Beschreibungen von mehr als 300 Druckschriftenverzeichnissen und allgemeinen Nachschlagewerken. Wiesbaden 1986, S. 1.

nung zu Sachgebieten mit Hilfe von einem oder mehreren Deskriptoren, die wiederum Bestandteile eines systematischen Thesaurus (Wörterverzeichnis) sind. Für die sachliche Erschließung und Indizierung von Medien gibt es bei Archivaren, Bibliothekaren und Dokumentaren unterschiedliche Regeln und Methoden.

7.2 Fachbibliographien

Bei der Erfassung der Fachpublikationen besteht heute das größte Problem darin, die unselbständige Literatur, die Beiträge in Fachzeitschriften, in Sammelbänden und Festschriften zu erfassen und systematisch zu erschließen. Diese Literatur wird weder in den Nationalbibliographien noch in den Bibliotheks- und Verbundkatalogen erfaßt.

Erste Zeitschriftenbibliographien entstanden im 18. Jhd. Das „Allgemeine Sachregister über die wichtigsten deutschen Zeit- und Wochenschriften" von Christoph Beutler und Johann Christoph Friedrich Guts-Muths erschien 1795 als die erste Zeitschrifteninhaltsbibliographie in Deutschland. Sie war der Vorläufer des Dietrich, dem deutschen bibliographischen Standardwerk für die internationale Zeitschriftenliteratur des 20. Jhd.

7.2.1 Das Abstract (Kurzreferat)

Formale Erfassung und inhaltliche Zuordnung von Aufsätzen sind wichtige Hilfen, aber auch noch sehr unzulänglich. Die Indizierung in Fachbibliographien richtet sich häufig nach Titel und Untertitel. Aber wie oft versprechen Titel, was die Texte selbst dann nicht halten. Um so wichtiger ist es, über die formale und sachliche Erschließung hinaus Informationen z.B. über einen Aufsatz zu erhalten.

Ein beschreibender Text kann helfen, die Auswahl zu erleichtern. Verbreitete Beschreibungen sind die Annotation, die Zusammenfassung, der Literaturbericht, die Rezension und das

Abstract. Mit unterschiedlichen Absichten geschrieben, geben solche Stellvertretertexte unterschiedliche Informationen über das eigentliche Dokument. Viele Stellvertretertexte sind subjektiv gefärbt. In der wissenschaftlichen Welt hat sich das Abstract durchgesetzt, weil es die neutralste, textnahste und damit informativste Art der Textbeschreibung ist; im Deutschen wird es auch als Kurzreferat bezeichnet.

Die Verbreitung des Abstracts im frühen 19. Jhd. war mit der Ausbreitung der wissenschaftlichen Fachliteratur verbunden. Vor allem in den USA wurden Abstracting-Dienste gegründet, die ihre Fachbibliographien regelmäßig veröffentlichten und z.T. bis heute existieren. Abstracting-Dienste bemühen sich darum, die erschienene Fachliteratur, vor allem die Zeitschriftenliteratur zu einem Fachgebiet systematisch zu erschließen. Bekannte Vertreter dieser Gattung sind die Biological Abstracts (seit 1927), die Chemical Abstracts (seit 1907) und die Historical Abstracts (seit 1955).

Um den Informationsgehalt und Charakter des Abstract zu gewährleisten und zu verbessern, wurden nationale und internationale Standards für das Verfassen von Abstracts entwickelt. Das Deutsche Institut für Normung (DIN) definiert das Kurzreferat (Abstract) in der DIN Norm 1426:

> "Das Kurzreferat gibt kurz und klar den Inhalt des Textes wieder. Der Sachtitel soll nicht wiederholt, vielmehr wenn nötig, ergänzt bzw. erläutert werden. Es müssen nicht alle Inhaltskomponenten der Veröffentlichung dargestellt, sondern es können diejenigen ausgewählt werden, die von besonderer Bedeutung sind. Das Kurzreferat soll informativ, aber nicht wertend (...) und auch ohne die Originalvorlage verständlich sein."[2]

Und die International Organisation for Standardisation (ISO) definiert das "Abstract" folgendermaßen:

---

[2] DIN 1426, 1986, S.4.

> "In this International Standard, the term abstract signifies an abbreviated, accuarte representation of the contents of a document, without added interpretation or criticism and without distinction as to who wrote the abstract.(...) Abstracts should not be confused with related, but distinct, terms: annotation, extract, and summary."[3]

Ein Abstract (Kurzreferat) ist also eine kurze, genaue Wiedergabe des Inhalts eines Dokuments ohne Interpretation oder Kritik und ohne zu berücksichtigen, für wen es geschrieben wird.

7.2.2 Referenzindizierung

Vom Institute for Scientific Information (ISI) in den USA wurde mit den Citation-Indizes ein eigener Weg neben den Abstracting-Diensten eingeschlagen. Der "Arts and Humanities Citation Index", der "Social Science Citation Index" und der „Science Citation Index" erfassen die Fachliteratur zum einen mit den formalen bibliographischen Kriterien wie Autor, Titel usw., erschließen die Pubkikationen inhaltlich, und, was die eigentliche Besonderheit ist, es werden auch die Zitate, Referenzen und Anmerkungen der jeweiligen Aufsätze und Abhandlungen ausgewertet und erschlossen. Unter Verzicht auf ein Abstract wird ein Aufsatz so in den Kontext der von ihm selbst erwähnten und zitierten Literatur gestellt.

7.3 Elektronische Datenbanken

Seit den 60er Jahren wurden in wachsendem Maße Computer bei der Erstellung von Bibliographien eingesetzt. Die Historical Abstracts wurden seit 1960 und das wöchentliche Verzeichnis der Deutschen Bibliographie seit 1966 mit Hilfe von Computern erstellt. Die Library of Congress begann 1967 ver-

---

[3] Ref.N. ISO 214-1976.

suchsweise, die Titelaufnahme in maschinen-lesbaren Formaten einzuführen.

Es war möglich, Computer einzusetzen, weil es sich bei bibliographischen Verzeichnissen um sehr stark formalisierte und vereinheitlichte Datensammlungen handelt. Ein einfacher bibliographischer Datensatz besteht aus einer festgelegten Anzahl von Datenfeldern, zu denen u.a. die Felder Autor, Titel, Ort und Erscheinungsjahr gehören.

Ein Computer konnte die Datensätze nach den vorgegebenen Kriterien viel leichter und schneller sortieren als das von Hand möglich gewesen wäre.

Computer dienten zunächst als Hilfsmittel, sie waren ein Glied in der Produktionskette hin zu einem sortierten, gedruckten Verzeichnis. Das Endprodukt, gedruckte Bibliographie, war aber im Grunde nichts anderes als ein Report einer Datenbank zu einem bestimmten Zeitpunkt, in dem bestimmte Datenfelder in einer bestimmten Sortierung ausgegeben wurden.

Der Nachteil gedruckter Verzeichnisse besteht darin, daß nur ein begrenzter Ausschnitt der Literatur erfaßt wird. Alles, was nach dem Druck erscheint, bleibt bis zu einer Neuauflage unberücksichtigt.

Bei periodisch erscheinenden Bibliographien gibt es ein Jahresregister, das die in einem Jahrgang ausgewertete Literatur verzeichnet. Auf der Suche nach Literatur müßte also jeder Jahrgang ausgewertet werden. Um dem Literatursuchenden diese Mühe zu ersparen, wurden die Ausgaben von 5 oder 10 Jahren zu kumulierten Verzeichnissen zusammengestellt. Mit Hilfe des Computers war das relativ einfach, weil die Datensätze in maschinenlesbarer Form vorlagen und lediglich ein neuer Report ausgedruckt werden mußte.

Aber auch 5- oder 10-Jahres-Verzeichnisse stellen noch erhebliche Anforderungen an den Suchenden. Einfacher wird es, wenn man ohne Umweg über das gedruckte Papier auf die Daten zugreifen kann.

Die Fortschritte in der Computertechnologie führten Anfang der 70er Jahre zu Rechnern, die im Timesharing-Verfahren betrieben wurden. Man konnte nun nicht nur bibliographische Verzeichnisse mit dem Computer erstellen, sondern sich die Daten direkt am Bildschirm ansehen. Die Möglichkeit, Bibliographien online zu nutzen, erlaubt es, erheblich schneller ans Ziel, nämlich zur gesuchten Literatur zu kommen.

Man sucht die für sein Themengebiet relevante Fachbibliographie aus, die als elektronische Datenbank vorliegt, und mit Hilfe einiger Retrieval-Befehle veranlaßt man den Computer, nach den Datensätzen zu suchen, deren Datenfelder die gesuchten Wörter (Zeichenketten) beinhalten.

Man kann die Suche mit bestimmten Kriterien, wie z.B. Erscheinungsjahr u.ä., eingrenzen und spezifizieren. Schließlich läßt man sich die aufgefundene Literatur anzeigen, druckt sie aus oder speichert sie als Datei ab.

Die heute in elektronischer Form vorliegenden bibliographischen Datenbanken entstanden fast alle zunächst als gedruckte Verzeichnisse, z.T. existieren sie heute sowohl in schriftlicher als auch in elektronischer Form. Einige Fachbibliographien gibt es als CD-ROM, als Online-Datenbank und als gedruckte Verzeichnisse.

Die elektronischen Bibliographien berücksichtigen aber in den meisten Fällen die Literatur nur von dem Augenblick an, ab dem sie mit Hilfe von Computern hergestellt wurden. Es ist deshalb darauf zu achten, welches Datenmaterial einer Datenbank zu Grunde liegt, sonst kann es passieren, daß man die gesuchten Informationen trotz modernster Technik nicht finden kann.

8 Online Datenbanken

8.1 Datenbankverzeichnisse

Der Markt der Online-Datenbanken ist von sehr starkem Wachstum und damit von raschen Veränderungen geprägt. Wer etwas über die Datenbanken wissen will, die vorhanden sind, hat sich auf einem schnellebigen Gebiet zurechtzufinden. Datenbankanbieter verschwinden, Datenbanken erhalten andere Namen, und neue Hosts tauchen auf.

So wurde z.B. 1994 der Host „BRS Search Service" an die Firma CD Plus Technologies verkauft, dann zunächst in „CDP Online" und dann in „Ovid Online" umbenannt. Aus dem Host „Questel" wurde 1994 „Questel/Orbit" und aus Datex-J 1995 „T-Online", um nur einige Beispiele zu nennen.

8.1.1 Gale Directory of Databases

Das wohl umfassendste und aktuellste Datenbankverzeichnis ist das "Gale Directory of Databases"; es ist hervorgegangen aus dem Verzeichnis "Computer Readable Databases", das seit den 70er Jahren von Martha E. Williams herausgegeben wurde, und den beiden von der Firma Cuadra Associates publizierten Verzeichnissen "Directory of Online Databases" und "Directory of Portable Databases". Hergestellt von Gale Research (Michigan) werden die weltweit öffentlich zugänglichen Datenbanken, Datenbankanbieter und Hersteller verzeichnet. Aufgeführt sind auch Datenbanken, die auf CD-ROMs, Disketten oder Magnetbändern zur Verfügung stehen.

Die gedruckte Ausgabe von "Gale Directory of Databases" erscheint in 2 Bänden, Bd. 1 Online Databases und Bd 2. CD-ROM, Diskettes etc., die jeweils halbjährlich veröffentlicht werden. Als Online-Datenbank steht das Verzeichnis beim Host Data-Star zur Verfügung; die Aktualisierung erfolgt vierteljährlich.

8.1.2 IM GUIDE

Die Datenbank "IM GUIDE" informiert schwerpunktmäßig über den europäischen Informationsmarkt. Verzeichnet sind elektronische Datenbanken, Datenbankproduzenten, Host-Organisationen und Informationsbroker. IM GUIDE ersetzt die Datenbanken "Dianeguide" und "Brokersguide" und wird alle 2 Wochen aktualisiert. Produziert von der „European Information Industry Association“ (EIIA), steht das Verzeichnis bei ECHO, dem Host der Europäischen Kommission, online zur Verfügung. Daneben gibt es eine schriftliche Ausgabe und eine auf CD-ROM.

8.2 Nationalbibliographien

8.2.1 Bundesrepublik Deutschland

Die Deutsche Bücherei in Leipzig wurde als Archiv der deutschen Buchproduktion 1912 in Leipzig vom Börsenverein der Deutschen Buchhändler, der Stadt Leipzig und dem Sächsischen Staat gegründet. In der DDR setzte die Deutsche Bücherei dann ihre Arbeit fort und gab seit 1946 die "Deutsche Nationalbibliographie und Bibliographie des im Ausland erschienen Schrifttums" heraus.
In der Bundesrepublik wurde nach dem 2. Weltkrieg die Deutsche Bibliothek in Frankfurt gegründet, die seit 1947 die "Deutsche Bibliographie" in verschiedenen Reihen herausgab.

Nach der Wiedervereinigung (1990) wurde „Die Deutsche Bibliothek" aus der Deutschen Bücherei (Leipzig), der Deutschen Bibliothek (Frankfurt/Main) und dem Deutschen Musikarchiv (Berlin) gebildet; sie gibt seitdem die "Deutsche Nationalbibliographie und Bibliographie der im Ausland erschienenen deutschsprachigen Veröffentlichungen" heraus.

Die Aufgabe der Deutschen Bibliothek ist die Sammlung, Inventarisierung, Aufbewahrung und Sicherung aller seit 1913 in Deutschland erschienenen Publikationen, aller seit 1913 im Ausland erschienenen Publikationen in deutscher Sprache, sowie aller Übersetzungen deutschsprachiger Werke und aller fremdsprachigen Veröffentlichungen über Deutschland. 1994 verzeichnete die Deutsche Bibliothek über 13,7 Mio. Monographien, 1,48 Mio. Dissertationen, 133.700 Periodikas, 792.000 Mikroformen und 10.700 audiovisuelle Medien und maschinenlesbare Datensätze.

Als Online-Datenbank ist das Verzeichnis der Deutschen Bibliothek bei STN verfügbar.

Geplant ist es, den Bestandskatalog der Deutschen Bibliothek im Rahmen des Projekts GABRIEL (**GA**teway and **BRI**dge to **E**urope`s national **L**ibraries) zusammen mit insgesamt 32 europäischen Nationalbibliotheken ab 1996 per Internet zur Verfügung zu stellen.

Aktuelle Informationen hierzu sind per WWW oder per E-Mail erhältlich.

Deutsche Bibliothek (info@dbf.ddb.de)
http://portico.bl.uk/gabriel/en/countries/germany.html
Projekt GABRIEL
http://portico.bl.uk/gabriel/

BIBLIODATA
Hersteller: Deutsche Bibliothek, FIZ Karlsruhe

Host:STN

Inhalt: Datenbank mit aktuellem Nachweis aller deutschsprachigen Neuerscheinungen, die bei der Deutschen Bibliothek als zentraler Archivbibliothek gesammelt und bibliographisch registriert werden. Verzeichnet sind die bei der Deutschen Bibliothek Frankfurt von 1972 bis 1991 und die ab 1991 bei „Die Deutsche Bibliothek" registrierten Neuerscheinungen. Entspricht der Deutschen Bibliographie, Reihe A (Erscheinungen des Buchhandels), Reihe B (Erscheinungen außerhalb des Buchhandels), Reihe C (Karten), Reihe H (Hochschulschriften) und Reihe N (Neuerscheinungen).

8.2.2 Dänemark

Die königliche Bibliothek, „Det Kongelige Bibliotek", stellt ihre Bestände in 2 Datenbanken zur Verfügung.

Die Datenbank REX1 enthält die Sammlung ausländischer Titel und REX2 beinhaltet die dänische Nationalbibliographie. Die Kataloge können wahlweise in Dänisch oder Englisch benutzt werden.

E-Mail: kb@kb.bib.dk oder ekn@admin.kb.bib.dk

REX1 und REX2

Per Telnet:

rex.bib.dk (ASCII 7-Bit Verbindung)

rex-iso.bib.dk (ISO Latin-1 Verbindung)

Login: Eingabe von **rex1** oder **rex2** bei der Eingabeaufforderung: "Connected. Enter rex1 or rex2". Eingabe von **ESC** zweimal bei der Eingabeaufforderung "Connected to dkb1 (or dkb2)". Eingabe von rex1 oder rex2 bei der Eingabeaufforderung "att".

Wenn der Eröffnungsbildschirm von rex1 bzw. rex2 erscheint, Eingabe des öffentlichen Paßworts **kb rex** .

Beenden der Verbindung durch Eingabe von **logout**.

Per WWW:

http://rexwww.kb.bib.dk/english.html

8.2.3 Finnland

Die Universitätsbibliothek Helsinkis, „Helsingin Yliopiston Kirjasto" ist die Hauptbibliothek der Universität und gleichzeitig Nationalbibliothek Finnlands.

Als Archivbibliothek ist die Bibliothek für die Sammlung und Aufbewahrung der in Finnland publizierten Werke verantwortlich. Außerdem spielt die Bibliothek bei der Entwicklung und Leitung landesweiter Verbundkataloge eine zentrale Rolle.

1994 verfügte die Bibliothek über 3 Mio. Bücher und Zeitschriften, 480.000 Mikroformen und 8.000 audiovisuelle Medien.

FENNICA

Die Online-Datenbank der Finnischen Nationalbibliographie.

Per Telnet:

hyk.helsinki.fi:23

Login: **hello internet,user.clas01**

Location code: 100.

Beenden der Verbindung durch **/QUIT**

8.2.4 Frankreich

Die „Bibliothèque Nationale de France", 1792 aus der Bibliothèque Royale entstanden, hat einen Bestand von 19 Mio. Büchern, 350.000 Periodikas, 11 Mio. Drucke und Photographien, 1,1 Mio audivisuellen Medien und 1 Mio. Mikroformen. Geplant ist, bis zum Jahr 2005 davon rd. 300.000 Dokumente (Bücher, Zeitschriften etc.) vollständig zu digitalisieren und elektronisch verfügbar zu machen.

BN-OPALE und BN-OPALINE

Die Datenbanken verzeichnen die Bestände der Bibliothek seit 1970. BN-OPALE ist bereits per Internet erreichbar; der Zugang für BN-OPALINE soll demnächst erfolgen.

BN-OPALE

Per Telnet:

opale02.bnf.fr

Eingabe von **opale** nach dem Verbindungsaufbau

Per WWW:

http://www.bnf.fr

8.2.5 Großbritannien

Die „British Library" wurde 1973 aus der bibliographischen Abteilung des Britischen Museums herausgelöst und zu einer eigenständigen Institution gemacht. Die Funktion der Nationalbibliothek hatte bis dahin das 1753 gegründete „British Museum" inne.

Die Britische Nationalbibliographie folgt einer Territorialkonzeption und verzeichnet Drucke aus Großbritannien und Irland. Die British Library betreibt den Online-Dienst Blaise-Line, der u.a. die Britische Nationalbibliographie online zur Verfügung stellt.

BNBMARC - The British National Bibliography Machine Readable Catalogin Records

Host: Blaise-Line

Hersteller: The British Library

Inhalt: Die Britische Nationalbibliographie; verzeichnet sind Bücher und Serien, die in Großbritannien und der Republik Irland seit 1950 veröffentlicht wurden.

BLC - The British Library Catalogue

Host: Blaise-Line

Hersteller: The British Library

Inhalt: Das elektronische Gegenstück zum früheren Buchkatalog des Britischen Museums, der vormals aus 360 Bänden bestand. Die Datenbank verzeichnet Bücher aus der ganzen Welt von den Anfängen des Buches bis zur Mitte der 1970er Jahre. Die Bücher selbst können im Lesesaal der Bibliothek des Britischen Museums benutzt werden.

British Books in Print

Hersteller: J. Whitaker & Sons, London

Host: Blaise-Line (Whitaker)

Host: CompuServe (GO BBP)

Host: Dialog (File 430]

Inhalt: Verzeichnis der lieferbaren Bücher Großbritanniens. Entspricht der schriftlichen Ausgabe "British Books in Print", das von der Firma Whitaker (London) herausgegeben wird und die Bücher des britischen Buchhandels verzeichnet.

8.2.6 Niederlande

Die „Koniklije Bibliotheek" (KB), 1798 gegründet, wurde 1982 offiziell zur Nationalbibliothek der Niederlande und erhielt damit die Aufgabe, alle Publikationen aus den Niederlanden zu verzeichnen. 1994 lag der Bestand bei rd. 2,2 Mio. Bänden. Der Katalog der KB mit den Beständen ab 1974 ist online verfügbar.

OPAC der KB

Per Telnet:

www.konbib.nl:2057

Login: **OPC**; Auswahl: **1 General catalogue KB**

Für die Benutzerführung stehen als Sprachen Holländisch und Englisch zur Verfügung.

STCN - Short Titel Catalogue, Netherlands

Die Datenbank verzeichnet Bücher, die in den Niederlanden, und Bücher, die in Holländisch außerhalb der Niederlande (außer Belgien) bis 1800 veröffentlicht worden sind. Bisher sind die Bücher, die bis 1700 erscheinen sind und sich in den Beständen der KB und der Universitätsbibliothek von Amsterdam befinden, katalogisiert. Der Bestand lag im August 1995 bei 50.000 Datensätzen.

Per Telnet:

www.konbib.nl:2057

Login: **OPC**, Auswahl: **3 Other Catalogues**

1 Pica Databases / The Digital Library

5 STCN

Beenden der Verbindung durch zweimalige Eingabe von **STP**

8.2.7 Österreich

Der Katalog der Österreichischen Nationalbibliothek, Bibos, steht online per Internet zur Verfügung.

Email: onb@grill.onb.ac.at

WWW: http://www.onb.ac.at

Bibos

Per Telnet:

opac.univie.ac.at

Login: **ONB**

Per WWW:

http://bibgate.univie.ac.at

Auswahl **Nationalbibliothek**

8.2.8 Portugal

Der Katalog des „Instituto de Biblioteca Nacional e do Livro“ in Lissabon steht per Internet als GEAC zur Verfügung.

GEAC

Per Telnet:

porbase.ibl.pt:23

Kein spezielles Login erforderlich. Nach dem Verbindugsaufbau wird nach der Terminalemulation gefragt, standardmäßig ist VT100 eingestellt.

Die Verbindung wird durch [Strg]+[D] beendet.

Per WWW:

http://www.fccn.pt:80/ibl/homebn.html

8.2.9 Spanien

ARIADNA, der OPAC der „Biblioteca Nacional", der spanischen Nationalbibliothek, steht per Internet zur Verfügung.

E-Mail: carlos.ortega@bnc.es

ARIADNA

Per Telnet3270:

ariadna.bne.es

Login: Eingabe bei Terminal type **2** und application name **3**.

Bei Abfrage der User ID: Eingabe irgendeines Wortes von maximal 8 Zeichen Länge und Eingabe von **INTRO**.

Verlassen des Hauptmenüs durch Eingabe von [F3] oder [Esc]+[3]

Per WWW:

http://www.bne.es

8.2.10 Schweiz

Die Schweizerische Landesbibliothek, die Nationalbibliothek der Schweiz, wurde 1895 gegründet. Per Internet ist der Katalog der Bibliothek, Helveticat, recherchierbar.

E-Mail: jauslin@clients.switch.ch

Helveticat

Per Telnet:

helveticat.snl.ch

Login: **hello internet,user.clas01**

Passwort: **SNL**, Standortcode (location code): **100**

8.2.11 USA

Die "Library of Congress" (LoC), die 1800 als Bibliothek des amerikanischen Kongresses gegründet wurde, ist de facto die Nationalbibliothek der USA.

Seit 1968 erfolgt die Titelaufnahme per Computer im MARC-Format. MARC ist die Abkürzung für „Machine Readable Cataloging Records“. Die Daten der aufgenommenen Titel werden wöchentlich an die Bibliotheken der USA weitergegeben, und die Firma Bowker veröffentlicht sie im "Weekly Record" und im "American Book Publishing Record".

Die LoC übt außerdem eine zentrale Funktion im Urheberrechtssytem der USA aus: von allen Büchern, die urheberrechtlich geschützt werden sollen, erhält die LoC eine Kopie. Die Bestände der LoC und rd. 3500 weiterer Bibliotheken aus den USA und Kanada werden im "National Union Catalog" verzeichnet, der seit 1955 von der LoC herausgegeben wird.

Seit 1981 hat die LoC keinen Kartenkatalog mehr, sondern nur noch einen elektronisches Verzeichnis. In einem Pilotprojekt wurde 1989 der elektronische Katalog der LoC einer Reihe von Bibliotheken online zur Verfügung gestellt; mittlerweile ist er per Internet abfragbar. Darüber hinaus stehen Titelaufnahmen der LoC als Online-Datenbanken bei Blaise-Line und Dialog zur Verfügung.

Die LoC verzeichnet neben Veröffentlichungen aus den USA und Publikationen in englischer Sprache seit den 70er Jahren in wachsendem Maße Medien aus der ganzen Welt. Das alte

Prinzip der Nationalbibliographie ist hier weder im Sinne der Territorialkonzeption noch im Sinne der Sprachkreiskonzeption gültig. Bis 1973 wurden englische Bücher, ab 1973 französische, ab 1975 deutsche, portugiesische und spanische Bücher aufgenommen. 1976 folgten Bücher aus anderen europäischen Ländern, ab 1978 aus nicht-europäischen Ländern, ab 1984 Mikroformen, ab 1984 chinesische, japanische und koreanische Bücher, ab 1988 hebräische und jiddische Bücher, und ab 1991 wurden arabische Bücher verzeichnet. Bis zum Jahre 2000 plant die LoC, rd. 5 Mio. ihrer seltenen Stükke (Manuskripte, Fotos etc.) zu digitalisieren und elektronisch verfügbar zu machen.

LOCIS (Library of Congress Information System), das Informationssystem der LoC, besteht u.a. aus folgenden Datenbanken:

LOCI: Verzeichnet Bücher und Microfromen. Englische Bücher ab 1968, französische ab 1973, deutsche, portugiesische, spanische ab 1975 und weitere europäische Bücher ab 1976/77, außereuropäische Bücher ab 1978/79, einige Mikroformen ab 1984.

PREM: Verzeichnet Bücher, die vor 1968 erschienen sind, außerdem Zeitschriften, Landkarten und audiovisuelle Medien.

LOCS: Verzeichnet Periodikas, die in der LoC und einigen anderen Bibliotheken seit 1973 katalogisiert wurden.

LOCM: Landkarten und anderes kartographisches Material, das in der LoC seit 1968 und einigen anderen Forschungsbibliotheken seit 1985 katalogisiert wurde.

Zwei Handbücher zur Suche in den Datenbanken der LoC stehen per Internet zur Verfügung. „LOCIS Quick Search Guide“, eine 30-seitige Kurzbeschreibung, sie liegt als Macintosh-, WordPerfect- und ASCII-Datei auf dem FTP-Server (ftp.loc.gov /pub/lc.online) vor. Die ASCII-Datei ist auch als E-Mail vom LoC-Gopher (LC MARVEL) erhältlich (telnet marvel.loc.gov - Login: marvel).

Das „LOCIS Reference Manual“, eine detaillierterte Beschreibung von 125 Seiten im WordPerfect 5.1 Format, liegt ebenfalls auf dem FTP-Server (ftp.loc.gov /pub/lc.online) vor.

E-Mail: lconline@seq1.loc.gov

Per Telnet:

locis.loc.gov

Per WWW:

http://lcweb.loc.gov/homepage/lchp.html

LC MARC - Books

Hersteller: Library of Congress

Host: Dialog

Host: BLAISE-LINE

Inhalt: Die Datenbank verzeichnet alle seit 1968 im MARC-Format in der Library of Congress aufgenommenen Titel. Bei Blaise-Line liegen die Daten im BN-Marc-Format vor.

REMARC

Hersteller: ISM Library Information Services International, Toronto, Kanada

Host: Dialog

Inhalt: Die Titelaufnahmen der Library of Congress von 1897 bis 1980.

Books in Print

Hersteller: R.R.Bowker, New York, USA

Host: CompuServe (GO BIP)

Host: Dialog (File 470)

Host: CompuServe/Knowledge Index (BOOK1)

Inhalt: Verzeichnis lieferbarer Bücher der USA; entspricht den schriftlichen Ausgaben von "Books in Print", "Subject Guide to Books in Print", "Books in Print Supplement", "Paperbound Books in Print", "Forthcoming Books", "Subject Guide to Forthcoming Books" und "Scientific and Technical Books & Serials in Print"; verzeichnet die Bücher des US-amerikanischen Buchhandels.

8.2.12 Vatikan

Der Katalog der vatikanischen Bibliothek, der „Biblioteca Apostolica Vaticana", war bisher zum Teil über RLIN recherchierbar, seit einiger Zeit gibt es auch einen direkten Internet-Zugang.

E-Mail: boyle@librs6k.vatlib.it

Per Telnet:

librs6k.vatlib.it

Zum Verlassen des Systems Eingabe von [3] im Hauptmenü.

8.3 Verbundkataloge

8.3.1 Bundesrepublik Deutschland

VK94 - Verbundkatalog maschinenlesbarer Katalogdaten deutscher Bibliotheken.

Hersteller: Deutsches Bibliotheksinstitut, Berlin

Host: DBI-LINK

Inhalt: Der Verbundkatalog enthält über 10 Mio. Titel und rd. 20 Mio. Bestandsnachweise aus 600 deutschen Bibliotheken. Die Datenbank enthält bibliographische Angaben zu Monographien, Sammelwerke und Dissertationen.

Datex-P -NUA: 45 300 040 020

WIN - NUA: 45 050 130 160

EuropaNet - NUA (0) 2043 625 130 160

Login: **o dbilink** auf die Aufforderung „Please enter Netcommand“

Passwort: **DBILINK**

Per Telnet:

dbi.x29-gw.dfn.de (Lokales Echo einschalten!)

Login: **o dbilink,0/131**

Passwort: DBILINK

Per WWW:

http://www.dbi-berlin.de/en/dbilink/

8.3.2 Dänemark

Der dänische Verbundkatalog DANBIB befindet sich in der Aufbauphase. Für den WWW-Zugang ist z.Zt. nur eine dänische Benutzeroberfläche verfügbar.

E-Mail: dbc@dan.bib.dk

Per WWW:

http://www.dbc.bib.dk/sider/nsrform.html

8.3.3 Finnland

Es stehen HELKA, der Verbundkatalog der Universitätsbibliothek Helsinki, LINDA, der Verbundkatalog der finnischen Universitätsbibliotheken und MANDA, der Verbundkatalog der finnischen öffentlichen Bibliotheken per Internet zur Verfügung. Während der Zugang zu HELKA frei ist, ist für die Zugänge zu LINDA und MANDA eine eigene Kennung erforderlich.

HELKA

Per Telnet:

hyk.helsinki.fi:23

Login: **hello internet,user.clas02**

Location code: **100**. Beenden der Verbindung durch **/QUIT**

LINDA

Per Telnet:

linda.helsinki.fi:23

MANDA

Per Telnet:

lindad.helsinki.fi:23

8.3.4 Frankreich

Für den Zugang zum französischen Verbundkatalog „Pancatalogue“ ist eine eigene Kennung erforderlich.

Pancatalogue.

Per Telnet:

frmop22.cnusc.fr

8.3.5 Niederlande

Der nationale Verbundkatalog der Niederlande, „Niederlandse Centrale Catalogus“ (NCC), verzeichnet Bücher, Zeitschriften und andere audiovisuelle Medien aus hunderten niederländischer Bibliotheken. Im August 1995 lag der Bestand der Datenbank bei 7 Mio. Einträgen; die Aktualisierung der Bestände erfolgt fortlaufend.

Niederlandse Centrale Catalogus - NCC

Per Telnet:

www.konbib.nl:2057

Login: **OPC**; Auswahl **3 Other Catalogues**

1 Pica Databases / The Digital Library

2 Ned.Centr.Catalogus

Logoff: durch Eingabe von zweimal **STP**.

Es stehen Englisch und Holländisch zur Verfügung.

8.3.6 Österreich

Der österreichischer Verbundkatalog.

Per Telnet:

opac.univie.ac.at

Login: Verbund

Per WWW:

http://www.infosys.tuwien.ac.at/BIBOS-2/Search.html

Auswahl: Gesamter Verbund

8.3.7 USA

RLIN - Research Libraries Information Network

Hersteller: The Research Libraries Group (RLG)

Host: RLG

Inhalt: Die Datenbank ist das Ergebnis der Zusammenarbeit der wichtigsten Forschungsbibliotheken der USA; sie enthält bibliographische Angaben zu Monographien, Sammelwerken, Filmen, Audiovisuellen Medien, Musikaufnahmen, Landkarten, Manuskripten und Computerdateien. Die Datensätze enthalten Verweise auf Dokumente aus über 350 Sprachen, darunter Arabisch, Chinesisch, Hebräisch, Koreanisch, Japanisch und Persisch. Die Katalogisierung beruht auf über 200

Quellen, darunter die Library of Congress, die National Library of Medicine, das U.S. Government Printing Office und die British Library.

OCLC - Online Union Catalogue

Hersteller: Online Computer Library Center (OCLC)

Host: The Epic Service - OCLC-Europe

Inhalt: Internationaler Verbundkatalog; enthält bibliographische Angaben zu Monographien, Sammelwerken, Filmen, Audiovisuellen Medien, Musikaufnahmen, Landkarten, Manuskripten und Computerdateien. Die Datenbank enthält über 25 Mio. Datensätze, jährlich kommen 2 Mio. hinzu. Es werden von 11.000 Institutionen in rd. 40 Ländern Daten geliefert. Die Datenbank enthält u.a. die Titelaufnahmen der Library of Congress (LCMARC), der National Library of Medicine, des U.S. Government Printing Office, der U.S. National Agricultural Library und der Nationalbibliographien von Australien, Kanada, China und Großbritannien.

8.4 Bibliothekskataloge

Weltweit stehen zahlreiche Bibliotheken und Bibliotheksverbundsysteme online zur Verfügung. Billy Barron und Marie-Christine Mahe haben ein Verzeichnis erstellt, das regelmäßig akualisiert wird und die weltweit erreichbaren Online-Bibliothekskataloge verzeichnet. Aufgeteilt in 4 Dokumente, verzeichnet es Bibliotheken aus Afrika, Amerika, Asien und Europa.

Per Gopher:

gopher.unt.edu:70/11/internet/Libraries/Libraries

yaleinfo.yale.edu:7000/1/Libraries

Host-squirrel.utdallas.edu:70/1/Libraries

Per FTP:

ftp.utdallas.edu /pub/staff/billy/libguide

Ein umfangreiches Verzeichnis der in der Bundesrepublik erreichbaren Online-Bibliothekskataloge hat Markus Neteler (E-Mail: neteler@laum.uni-hannover.de) zusammengestellt; es steht auf dem WWW-Server der Universität Hannover zur Verfügung steht.

Per WWW:

http://www.laum.uni-hannover.de/iln/bibliotheken/kataloge.html

Das deutsche Bibliotheksinstitut verzeichnet auf seinen WWW-Seiten deutsche Bibliotheken mit WWW-Servern.

Per WWW:

http://www.dbi-berlin.de/de/delibs.htm

Im folgenden nur eine kleine Auswahl in Deutschland verfügbarer Online-Bibliothekskataloge; zu erwarten ist wohl, daß in der nächsten Zeit alle größeren Bibliothekskataloge online erreichbar sein werden. Sofern nicht anders angegeben, ist der Zugang kostenlos.

Medikat

Host: DIMDI (gebührenpflichtig)

Inhalt: Katalog der Zentralbibliothek für Medizin in Köln; verzeichnet ist Literatur ab dem Erscheinungsjahr 1977.

TIBKAT - Universitäts- und Technische Informationsbibliothek Hannover

Hersteller: Universitätsbibliothek und Technische Informationsbibliothek, Hannover; FIZ-Karlsruhe

Host: STN (gebührenpflichtig)

Inhalt: Der Katalog der Universitäts- und Technischen Informationsbibliothek Hannover.

Universitätsbibliothek Bielefeld

Per WWW:

http://www.ub.uni-bielefeld.de/databases/opac/index.htm

Universitätsbibliothek der Bundeswehr

Per Telnet:

opac.unibw-hamburg.de

Login: opc

Universitätsbibliothek Erlangen Nürnberg

Per Telnet:

elis.uni-erlangen.de

Login: ELIS

Universitätsbibliothek Göttingen

Per WWW:

http://www.gwdg.de/~sub/homepage.htm

Universitätsbibliothek Hamburg

Per WWW:

http://www.uni-hamburg.de/~biblio/Online/OPAC-Nord.HTML

Universitätsbibliothek Heidelberg

Per WWW:

http://www.ub.uni-heidelberg.de

Universitätsbibliothek Karlsruhe

Per WWW:

http://ubkaaix3.ubka.uni-karlsruhe.de/index.html

Universitätsbibliothek Kiel

Per Gopher:

gopher ub2.ub.uni-kiel.de:2000/11/

Universitätsbibliothek Konstanz

Per WWW:

http://www.uni-konstanz.de/ZE/Bib/index.html

Universitätsbibliothek Saarbrücken

Per WWW:

http://www.uni-sb.de/z-einr/ub/sabine/de-head.html

Universitätsbibliothek Tübingen

Per WWW:

http://www.uni-tuebingen.de/uni/qub/

8.5 Bibliographien nach Fachbereichen

8.5.1 Interdisziplinär

Arts and Humanities Search

Hersteller: Institute for Scientific Information (ISI), Philadelphia, USA

Host: CompuServe/IQuest (1170)

Host: Data Star (AHCI)

Host: Dialog (File 439)

Inhalt: Ausgewertet werden regelmäßig 1300 der führenden Zeitschriften aus den Bereichen Kunst und Geisteswissenschaften ab 1980. Abgedeckt werde u.a. die Fachgebiete Archäologie, Architektur, Film, Geschichte, Kunst, Lingustik, Literatur, Musik, Philosophie, Sprachen und Religion. Entspricht dem "Arts and Humanities Citation Index". Die Datensätze beinhalten neben den bibliographischen Angaben die Literaturverweise, auf die der jeweilige Aufsatz sich bezieht bzw. die er zitiert. Die Datenbank enthält keine Abstracts, die Aktualisierung erfolgt wöchentlich.

Dissertation Abstracts Online

Hersteller: University Microfilms International, Ann Arbor, USA

Host: Dialog (File 35)

Host: OCLC-Europe (Database 20)

Host: CompuServe/Knowledge Index (REFR5)

Host: CompuServe (GO DISSERTATION)

Host: Ovid Online (DISS)

Inhalt: enthält Verweise auf alle US-amerikanischen Dissertationen seit 1861, auf Master Theses seit 1961, auf Dissertationen aus Großbritannien (1988), Europa (1988), Kanada (1991) sowie von Hochschulen der ganzen Welt. Es wird weltweit mit rd. 550 Bildungsinstitutionen zusammengearbeitet, darunter auch zahlreichen Universitäten aus Deutschland. Ab 1980 verfügen die Hinweise über ein Abstract. Die Angaben der Datenbank entsprechen dem "Comprehensive Dissertation Index" (CDI), den "CDI Ten-Year Cumulation 1973-1983", dem "CDI Five-Year Cumulation 1983-1987", den "Dissertation Abstracts International", den "Masters Abstracts International" und den "American Doctoral Dissertations".

SciSearch

Hersteller: ISI, Philadelphia, USA

Host: Dialog (Files 34, 434)

Host: CompuServe/Iquest (1657)

Host: DIMDI (IS)

Host: STN (SCISEARCH)

Inhalt: Ausgewertet werden rd. 5000 Zeitschriften aus den Bereichen Medizin, Naturwissenschaft und Technik. Entspricht der gedruckten Ausgabe des "Science Citation Index". Die Datensätze beinhalten neben den bibliographischen Angaben die Literaturverweise, auf die der jeweilige Aufsatz sich bezieht bzw. die er zitiert. Abgedeckt wird die Zeit ab 1974; die Datenbank enthält keine Abstracts, die Aktualisierung erfolgt wöchentlich. Jährlich kommen rd. 600.000 Datensätze hinzu.

8.5.2 Agrarwissenschaft

AGRICOLA

Hersteller: U.S. National Agricultural Library, Beltsville, USA.

Host: CompuServe/Iquest (1184)

Host. CompuServe/Knowledge Index (AGRI1)

Host: Dialog (File 10, 110)

Host: DIMDI (AL)

Host: Ovid Online

Inhalt: Deckt im weitesten Sinne den Bereich der Agrarwissenschaft ab; das Feld reicht von Biotechnologie, Botanik, Chemie, über Ökologie, Wetter und Klima bis hin zur Zoologie. Es finden sich bibliographische Verweise auf Aufsätze, Monographien, Patente, audiovisuelle Medien, Computerprogramme und Mikroformen. Rd. 2000 Periodikas werden regelmäßig ausgewertet, abgedeckt wird die Zeit ab 1970 (Dialog) bzw. ab 1979 (Knowledge Index, Iquest).

8.5.3 Altersforschung

AgeLine

Hersteller: American Association for Retired Persons, Washington, USA.

Host: CompuServe/Iquest (1949)

Host: CompuServe/Knowledge Index (SOCS4)

Host: Dialog (File 163)

Host: Ovid Online (AARP)

Inhalt: Ausgewertet wird Literatur zur Altersforschung ab 1978; dabei geht es um Altern im sozialen, psychologischen und ökonomischen Zusammenhang. Es geht um Fragen der Gesundheitsversorgung für die ältere Bevölkerung, Beschäftigungspolitik, Demographie und Theorien über das Altern. Die Aktualisierung erfolgt alle 2 Monate.

8.5.4 Architektur

Architecture Database

Hersteller: Royal Institute of British Architects, London

Host: CompuServe/Iquest (2519)

Host: Dialog (File 179)

Inhalt: Der Datenbank liegt die Publikation "The Architectural Periodicals Index" zugrunde. Ergänzt werden die Daten mit den Aufnahmen der "British Architectural Library" und des "Royal Institute of British Architects". Ausgewertet werden rd. 400 Zeitschriften aus 45 Ländern, Monographien, Konferenzberichte und Ausstellungskataloge der ganzen Welt. Abgedeckt wird der Zeitraum seit 1978, die Aktualisierung erfolgt monatlich.

8.5.5 Biologie

Biosis Previews

Hersteller: BIOSIS, Philadelphia, USA

Host: CompuServe/Iquest (1182)

Host: Dialog (File 5, 55)

Host: DIMDI (BA)

Host: OCLC-Europe (Database 50)

Host: Ovid Online (BIOL, BIOB)

Inhalt: Die Datenbank enthält die Daten von "Biological Abstracts" (BA), „Biological Abstracts/Reports, Revies, Meetings“ (BA/RRM) und "BioResearch Index". Es finden sich rd. 8.3 Mio. Einträge; die Daten aus BA enthalten ab 1976 und die Daten von BA/RRM ab 1985 Abstracts. Ausgewertet werden rd. 9000 Zeitschriften, abgedeckt wird der gesamte Bereich der Biolgie einschließlich Medizin, Biochemie, Biophysik und Umweltschutz.

Current Biotechnology Abstracts

Hersteller: The Royal Society of Chemistry, Cambridge, GB

Host: CompuServe/Iquest (1188)

Host: CompuServe/Knowledge Index (BIOL2)

Host: Data-Star (BIOL)

Host: Dialog (File 358)

Inhalt: Enthält die seit 1983 in der gedruckten Ausgabe publizierten Daten. Abgedeckt wird der gesamte Bereich der Biotechnologie, einschließlich Gentechnologie. Neben den bibliographischen Angaben enthalten die Datensätze ein Abstract. Die Aktualisierung erfolgt monatlich.

8.5.6 Chemie

Analytical Abstracts

Hersteller: The Royal Society of Chemistry, Nottingham, GB

Host: CompuServe/Iquest (2138)

Host: CompuServe/Knowledge Index (CHEM2)

Host: Data-Star (ANAB)

Host: Dialog (File 305)

Inhalt: Entspricht der gedruckten Ausgabe gleichen Namens. Ausgewertet werden regelmäßig rd. 300 Zeitschriften sowie Bücher und Tagungsberichte aus dem Bereich der analytischen Chemie. Abgedeckt wir die Zeit ab 1980, ab 1984 verfügen die Angaben über ein Abstract.

Chemical Abstracts

Hersteller: Chemical Abstracts Service, Columbus, USA

Host: Data-Star (CHEM)

Host: Dialog (File 308 bis 313, 399)

Host: Ovid Online

Host: STN (CA)

Inhalt: Die Chemical Abstracts, 1907 gegründet, sind eine der ältesten Periodika überhaupt, das sich mit der Erschließung von Fachliteratur befaßt. Ausgewertet werden rd. 9000 Zeitschriften aus dem Bereich der Chemie. Es finden sich bibliographische Verweise auf Monographien, Hochschulschriften, Patente, Aufsätze und Konferenzbeiträge; entspricht der gedruckten Ausgabe von "Chemical Abstracts". Je nach Anbieter werden unterschiedliche Zeiträume abgedeckt, bei Dialog und STN beginnen die Datensätze 1967, bei Data-Star 1982: Die Aktualisierung erfolgt alle 2 Wochen, jährlich kommen rd. 500.000 neue Datensätze hinzu.

8.5.7 Ernährungswissenschaft

Food Science and Technology Abstracts

Hersteller: International Food Information Service, Frankfurt/Main.

Host: CompuServe/Iquest (1115)

Host: CompuServe/Knowledge Index (FOOD1)

Host: Data-Star (FSTA)

Host: Dialog (File 51)

Inhalt: Deckt alle Aspekte der Ernährungswissenschaft ab; ausgewertet werden rd. 1800 Publikationen aus rd. 90 Ländern. Abgedeckt wir die Zeit ab 1969, die Aktualisierung erfolgt monatlich.

8.5.8 Erziehung

ERIC

Hersteller: U.S. Department of Education, OERI, Washington, USA; ERIC Research and processing Facility, Rockville, USA

Host: CompuServe (GO ERIC)

Host: CompuServe/Iquest (1219)

Host: CompuServe/Knowledge Index (EDUC1)

Host: Dialog (File 1)

Host: OCLC-Europe (Database 1)

Host: Ovid Online (ERIC)

Inhalt: Die Datenbank des Educational Resources Information Center (ERIC) basiert auf den Publikationen „Resources in Education“ (RIE) und „Current Index to Journals in Education (CIJE). Thematisch werden alle Bereiche der Erziehungswissenschaft ab 1966 abgedeckt, ausgewertet werden rd. 700 Periodikas. Die bibliographischen Verweise verfügen über ein Abstract; die Aktualisierung erfolgt monatlich.

8.5.9 Geschichte

America: History and Life

Hersteller: ABC-CLIO, Santa Barbara, USA

Host: CompuServe/Iquest (1095)

Host: CompuServe/Knowledge Index (HIST1)

Host: Dialog (File 38)

Inhalt: Ausgewertet werden rd. 2000 internationale Zeitschriften, die die Geschichte und Gegenwart Amerikas behandeln; abgedeckt werden die Bereiche Sozial-, Kultur- und Wirtschaftsgeschichte, Politik, Populärkultur, Wissenschaft, Medizin und Stadtentwicklung. Entspricht den gedruckten Ausgaben "America: History and Life, Part A: Article Abstracts and Citations", "Part B: Index to Book Reviews" und "Part C: American History Bibliography". Die Einträge in der Datenbank beginnen 1964, die Aktualisierung erfolgt vierteljährlich.

Historical Abstracts

Hersteller: ABC-CLIO, Santa Barbara, USA

Host: CompuServe/Iquest (1096)

Host: CompuServe/Knowledge Index (HIST2)

Host: Dialog (File 39)

Inhalt: Erfaßt werden Zeitschriftenaufsätze, Bücher und Dissertationen aus dem Bereich der Neueren Geschichte (ab 1450), der Zeitgeschichte und benachbarter Disziplinen, die seit 1973 erschienen sind. Es werden rd. 2100 Zeitschriften aus 80 Ländern ausgewertet. Thematisch wird die Weltgeschichte von 1450 bis zur Gegenwart abgedeckt, nicht berücksichtigt wird die Geschichte der USA und Kanadas. Die Datenbank entspricht den Publikationen "Historical Abstracts: Part A, Modern History Abstracts (1450-1914)" und "Historical Abstracts: Part B, Twentieth Century Abstracts (1914 to the Present)".

8.5.10 Kunst und Kunstgeschichte

ARTbibliographies Modern

Hersteller: ABC-CLIO, Santa Barbara, USA

Host: CompuServe/Iquest (1132)

Host: CompuServe/Knowledge Index (ARTS1)

Host: Dialog (File 56)

Inhalt: Erfaßt wird die Literatur zur allen Aspekten der Kunst des 19. und 20. Jhd. von Architektur über Design und Malerei bis hin zur Photographie. Ausgewertet werden rd. 350 Zeitschriften, Bücher, Ausstellungskataloge und Dissertationen. Die bibliographischen Hinweise enthalten ein Abstract; entspricht der gleichnamigen Publikation; abgedeckt wird die Zeit ab 1974.

Art Literature International (RILA)

Hersteller: RILA, the International Repertory of Art, J. Paul Getty Trust, Williamstown, USA

Host: CompuServe/Iquest (1637)

Host: CompuServe/Knowledge Index (ARTS2)

Host: Dialog (File 191)

Inhalt: Bibliographische Hinweise, ungefähr zur Hälfte mit Abstracts, zur Literatur über alle Aspekte der Kunst des Abendlandes vom 4. Jhd. n. Chr. bis zur Gegenwart. Die Themen reichen von Architektur, Druck, Malerei über Kunsttheorie bis hin zum Museumswesen. Basiert auf den Daten der schriftlichen Publikation "RILA"; abgedeckt wird die Zeit ab 1973.

8.5.11 Linguistik

Linguistics and Language Behavior Abstracts

Hersteller: Sociological Abstracts, San Diego, USA

Host: CompuServe/Knowledge Index (LITS2)

Host: Dialog (File 36)

Inhalt: Ausgewertet wird die weltweit erscheinende linguistische Literatur. Die Datenbank enthält Abstracts von Aufsätzen aus rd. 1000 Zeitschriften seit 1973; die Aktualisierung erfolgt vierteljährlich.

8.5.12 Mathematik

MathSci

Hersteller: American Mathematical Society, Providence, USA

Host: CompuServe/Knowledge Index (MATH1)

Host: Dialog (File 239)

Inhalt: Abgedeckt werden die Gebiete Mathematik von 1959 an, Statistik ab 1910 und Informatik ab 1954. Regelmäßig werden 600 Zeitschriften und weitere 2500 Zeitschriften gelegentlich ausgewertet; außerdem werden Monographien und Konferenzberichte erfaßt.

8.5.13 Medizin

MEDLINE

Hersteller: U.S. National Library of Medicine, Bethesda, USA

Host: CompuServe (GO PAPERCHASE)

Host: CompuServe/Iquest (1688)

Host: CompuServe/Knowledge Index (MEDI1, MEDI2)

Host: Data-Star (MEDL)

Host: Dialog (File 152 bis 155)

Host: DIMDI (ME)

Host: Ovid Online (MEDL)

Inhalt: Basiert auf den Publikationen "Index Medicus", "Index to Dental Literature" und "International Nursing Index". Rund die Hälfte der Datensätze enthält ein Abstract. Ausgewertet werden rd. 3400 Zeitschriften aus 70 Ländern. Abgedeckt werden alle Bereiche der Medizin seit 1966. Rd. 360.000 Datensätze werden jährlich hinzugefügt, die Aktualisierung erfolgt wöchentlich.

8.5.14 Pharmazie

International Pharmaceutical Abstracts

Hersteller: American Society of Health-System Pharmacists, Bethesda, USA.

Host: CompuServe/Iquest (1252)

Host: CompuServe/Knowledge Index (DRUG1)

Host: Dialog (File 74)

Host: Ovid Online (IPAB)

Inhalt: Ausgewertet wird die weltweit erscheinende Literatur aus dem Bereich der Pharmazie seit 1970; rd. 650 Zeitschriften werden regelmäßig systematisch erfaßt. Die Aktualisierung erfolgt monatlich.

8.5.15 Philosophie

Philosopher' s Index

Hersteller: Philosophy Documentation Center, Bowling Green State University, Bowling Green, USA

Host: CompuServe/Iquest (1135)

Host: CompuServe/Knowledge Index (SOCS3)

Host: Dialog (File 57)

Inhalt: Ausgewertet werden rd. 270 Zeitschriften aus dem Gebiet der Philosophie und benachbarter Disziplinen. Schwerpunkte bilden die Bereiche Ästhetik, Ethik, Hermeneutik, Logik und Methaphysik. Abgedeckt werden auch philosophische Aspekte in den Bereichen Pädagogik, Geschichte, Recht, Religion und Wissenschaften. Bibliographische Angaben mit Abstracts; entspricht der gedruckten Ausgabe "Philosopher' s Index"; abgedeckt wird die Zeit ab 1940, die Aktualisierung erfolgt vierteljährlich.

8.5.16 Politik - Internationale Angelegenheiten

PAIS International

Hersteller: Public Affairs Information Service (PAIS), New York, USA

Host: CompuServe/Iquest (1282)

Host: CompuServe/Knowledge Index (SOCS2)

Host: Data-Star (PAIS)

Host: Dialog (File 49)

Host: OCLC-Europe (Database 2)

Inhalt: PAIS International (Public Affairs Information Service) wertet weltweit alle Arten von politischer Literatur, Bücher, Zeitschriften, Regierungsdokumente, Berichte von privaten und öffentlichen Institutionen, die in den Sprachen Englisch, Französisch, Deutsch, Italienisch, Portugiesisch und Spanisch erscheinen, aus. Abgedeckt werden die Bereiche Wirtschaft, Finanzen, Recht, Internationale Beziehungen, Politologie und Sozialwissenschaften. Rund 1.200 Zeitschriften und 8.000 Monographien werden jährlich erfaßt. Die Datenbank beinhaltet die kumulierten Ausgaben von „PAIS Foreign Language Index“ (1972-1991), „PAIS Bulletin“ (1976-1991) und „PAIS International in Print“ (ab 1992).

8.5.17 Psychologie

PsycINFO

Hersteller: American Psychological Association, Washington, USA.

Host: CompuServe (GO PSYCINFO)

Host: CompuServe/Iquest (1007)

Host: CompuServe/Knowledge Index (PSYC1)

Host: Data-Star (PSYC)

Host: Dialog (File 11)

Host: DIMDI (PI)

Host: OCLC-Europe (Database 3)

Host: Ovid Online (PSYC)

Inhalt: Ausgewertet wird die internationale psychologische Literatur sowie die benachbarter Sozialwissenschaften ab 1967. Rd. 1300 Zeitschriften werden regelmäßig erfaßt, die Aktualisierung erfolgt monatlich.

8.5.18 Rechtswissenschaft

JURIS-Literatur

Hersteller: Juristisches Informationssystem für die Bundesrepublik Deutschland (JURIS), Saarbrücken

Host: Juris GmbH (Gutenbergstr. 23, 66117 Saarbrücken, Tel.: 0681/58660, FAX: 0681/5866-239)

Host: T-Online/Juris (*40020#)

Inhalt: Verweise auf Monographien, Dissertationen, Aufsätze und Entscheidungsbesprechungen aus allen Rechtsgebieten ab 1976, aus dem Sozialrecht seit 1949 und aus dem Arbeitsrecht ab 1976, zum Großteil mit Abstracts. Ausgewertet werden rd. 320 Fachzeitschriften.

Legal Resource Index

Hersteller: Information Access Company, Forster City, USA

Host: CompuServe/Iquest (1033)

Host: CompuServe/Knowledge Index (LEGA1)

Host: Dialog (File 150)

Inhalt: Ausgewertet werden regelmäßig rd. 750 juristische Zeitungen und Zeitschriften vor allem aus den USA, Kanada, Großbritannien, Australien und Neuseeland. Abgedeckt wird die Rechtsliteratur vor allem der englischsprachigen Welt seit 1980; die Aktualisierung erfolgt monatlich.

8.5.19 Sozialwissenschaften

Social Science Citation Index

Hersteller: ISI, Philadelphia, USA

Host: CompuServe/Iquest (1146)

Host: Data-Star (SSCI)

Host: Dialog (File 7)

Host: DIMDI (IN)

Inhalt: Ausgewertet werden regelmäßig rd. 1500 Zeitschriften aus dem Bereich der Sozialwissenschaften. Entspricht der gedruckten Ausgabe des "Social Science Citation Index". Die Datensätze beinhalten neben den bibliographischen Angaben die Literaturverweise, auf die der jeweilige Aufsatz sich bezieht bzw. die er zitiert. Die Datenbank enthält keine Abstracts, die Aktualisierung erfolgt wöchentlich; abgedeckt wird die Zeit ab 1972.

Sociological Abstracts

Hersteller: Sociological Abstracts, San Diego, USA

Host: CompuServe/Iquest (1532)

Host: CompuServe/Knowledge Index (SOCS1)

Host: Data-Star (SOCA)

Host: Dialog (File 37)

Host: DIMDI (SA)

Host: OCLC-Europe (Database 7)

Host: Ovid Online (SOCA)

Inhalt: Ausgewertet werden rd. 1600 Zeitschriften aus dem Bereich der Soziologie und der Nachbardisziplinen. Die bibliographischen Angaben enthalten Abstracts; abgedeckt wird die Zeit ab 1963.

SOLIS

Hersteller: Informationszentrum Sozialwissenschaften, Bonn

Host: DIMDI (SI)

Host: GBI

Host: STN

Host: T-Online/GBI (*GBI#)

Inhalt: Das **So**zialwissenschaftliche **Li**teraturinformations**s**ystem (SOLIS) verfügt über bibliographische Angaben, z.T. mit Abstracts zu deutschsprachiger fachwissenschaftlicher Literatur, Aufsätzen in Fachzeitschriften und Sammelwerken, Monographien und "Grauer Literatur". Die Gebiete Soziologie, Sozialpsychologie, Demographie und Methoden der Sozialforschung werden ab 1945 abgedeckt. Aus den Bereichen Arbeitsmarkt- und Berufsforschung, Kommunikationswissenschaft, Sozialgeschichte, Sozialpolitik und Sozialwesen wird die Literatur seit 1982 ausgewertet. Die Aktualisierung erfolgt monatlich.

8.5.20 Technik

Compendex*Plus

Hersteller: Engineering Information (EI), Hoboken, USA

Host: CompuServe/Iquest (1197)

Host: CompuServe/Knowledge Index (ENGI1)

Host: Data-Star (COMP)

Host: Dialog (File 8)

Host: ESA-IRS

Host: STN (COMPENDEX)

Inhalt: „EI Compendex Plus" ist das elektronische Gegenstück zu „The **E**ngineering **I**ndex". Ausgewertet werden rd. 2600 technische und ingenieurswissenschaftliche Zeitschriften weltweit. Abgedeckt wird die Zeit ab 1970, die Aktualisierung erfolgt wöchentlich.

8.5.21 Theologie

Religion Index

Hersteller: American Theological Library Association (ATLA), Evanston, USA

Host: Dialog (File 190)

Inhalt: Die Datenbank enthält die bibliographischen Angaben der fünf von ATLA herausgegeben Indizes: „Religion Index One: Periodicals" (ab 1949), „Religion Index Two: Multi-Author Woeks" (ab 1960), „Index fo Book Reviews in Religion" (ab 1949), „Research in Ministry: An Index to D. Min. Project Reports and These" (ab 1981) und „Methodist Reviews Index" (1818-1985). Ausgewertet werden rd. 500 Zeitschriften; für die Zeit von 1975 bis 1985 enthalten die Datensätze ein Abstract; die Aktualisierung erfolgt monatlich.

8.5.22 Umwelt

Pollution Abstracts

Hersteller: Cambridge Scientific Abstracts, Bethesda, USA

Host: CompuServe/Iquest (1290)

Host: CompuServe/Knowledge Index (ENVI1)

Host: Data-Star (POLL)

Host: Dialog (File 41)

Host: STN (POLLUAB)

Inhalt: Bibliographische Hinweise zum Großteil mit Abstracts auf Literatur, die sich mit den verschiedenen Aspekten des Umweltschutzes und der Umweltverschmutzung beschäftigt, ab 1970; die Aktualisierung erfolgt wöchentlich.

Umweltliteraturdatenbank

Hersteller: Umweltbundesamt, Berlin

Host: Data-Star (ULIT)

Host: FIZ-Technik

Host: STN (ULIDAT)

Inhalt: Erfaßt wird die im deutschen Sprachraum erscheinende Fachliteratur zu Umweltschutz und Umweltforschung ab 1976. Die meisten Datensätze enthalten ein Abstract.

8.5.23 Wirtschaftswissenschaft

BLISS - Betriebswirtschaftliches Literatursuchsystem

Hersteller: Gesellschaft für betriebswirtschaftliche Information, München

Host: FIZ-Technik

Host: GBI (BLISS)

Host: T-Online/GBI (*GBI#)

Inhalt: Bibliographische Hinweise auf die deutsche und internationale Fachliteratur der Betriebswirtschaft. Ab 1984 enthalten die meisten Datensätze ein Abstract in deutscher oder englischer Sprache. Ausgewertet werden 200 deutschsprachige und 100 englischsprachige Zeitschriften außerdem Bücher, Sammelwerke und Dissertationen. Die Aktualisierung erfolgt alle 2 Wochen.

Economic Literature Index

Hersteller: American Economic Association, Pittsburgh, USA

Host: CompuServe/Iquest (1029)

Host: CompuServe/Knowledge Index (ECON1)

Host: Dialog (File 139)

Inhalt: Bibliographische Verweise mit Abstract zur weltweit erscheinenden wirtschaftswissenschaftlichen Literatur; ausgewertet werden regelmäßig rd. 250 Zeitschriften und jährlich rd. 200 Monographien. Die Datenbank entspricht den schriftlichen Ausgaben von "Index of Economic Articles" und "Journal of Economic Literature". Abgedeckt wird die Zeit ab 1969, die Aktualisierung erfolgt vierteljährlich.

HWWA - Wirtschaftspraxis Literatur

Hersteller: HWWA - Hamburger Institut fur Wirtschaftsforschung

Host: GENIOS

Host: GBI

Host: T-Online/GBI (*GBI#)

Inhalt: Es werden rd. 1000 internationale betriebs- und volkswirtschaftliche Zeitschriften ausgewertet und über einen speziellen Thesaurus erschlossen. Abgedeckt werden u.a. die Gebiete Demographie, Entwicklungspolitik, Sozialforschung und Industriepolitik. Die bibliographischen Angaben enthalten kein Abstract.

8.6 Zeitschriftenverzeichnisse

Ulrich´s International Periodicals Directory

Hersteller: R. R. Bowker, New York, USA

Host: Dialog (File 480)

Host: Ovid Online

Inhalt: Verzeichnis von ca. 100.000 Periodikas aus 181 Ländern. Entspricht den gedruckten Ausgaben von "Irregular Serials and Annuals", "Sources of Serials" und "Ulrich' s Quarterly"; die Aktualisierung erfolgt monatlich.

ZDB - Zeitschriftendatenbank

Hersteller: Deutsches Bibliotheksinstitut (Berlin) in Zusammenarbeit mit rd. 3000 Bibliotheken.

Host: DBI-LINK

Inhalt: Bibliographische Angaben zu fortlaufenden Sammelwerken, insbesondere Zeitschriften, zeitschriftenartigen Reihen, Schriftenreihen, Serien und Zeitungen, ohne sachliche Erschließung vom 17. Jhd bis heute; mit Standortangaben und Signaturen aus über 3000 Bibliotheken der 12 Leihverkehrsregionen der Bundesrepublik und einigen westeuropäischen Bibliotheken mit wichtigen sinologischen Beständen. Kopien von Zeitschriftenaufsätzen können online bestellt werden.

8.7 Kongresse und "graue" Literatur

GKS - Gesamtverzeichnis der Kongreßschriften

Hersteller: Deutsches Bibliotheksinstitut, Berlin

Host: DBI-LINK

Inhalt: Bibliographische Angaben zu Schriften von und zu Kongressen ohne sachliche Erschließung der einzelnen Beiträge. Publikationen weltweit aus allen Sachgebieten von 1939 bis heute. Mit Standortangabe sowie den Signaturen aus rd. 70 Bibliotheken der 12 Leihverkehrsregionen der Bundesrepublik Deutschland.

SIGLE - System für Information über Graue Literatur in Europa

Hersteller: European Association for Grey Literature Exploitation (EAGLE), Den Haag, NL

Host: BLAISE-LINE

Host: STN

Inhalt: Europäische nicht-konventionelle, sog. "Graue Literatur" aus Naturwissenschaften, Technologie, Wirtschafts-, Sozial- und Geisteswissenschaften. Forschungsberichte, Diskussions- und Arbeitspapiere, Konferenzbeiträge, Hochschulschriften, offizielle Veröffentlichungen, Veröffentlichungen lokaler Behörden, der Industrie und anderer schwer zu beschaffender Publikationen sind erfaßt. Abgedeckt wird die Zeit ab 1980; die Aktualisierung erfolgt monatlich. Pro Jahr werden ca. 30.000 Datensätze hinzugefügt.

8.8 Allgemeine Nachschlagewerke und Lexika

Bertelsmann Discovery

Hersteller: Bertelsmann AG, Gütersloh

Host: CompuServe (GO BEPLEXIKON)

Inhalt: Umfassendes Lexikon zu allen Wissensgebieten in deutscher Sprache.

Bowker Biographical Directory

Hersteller: R. R. Bowker, New Providence, USA

Host: CompuServe/Iquest (1068)

Host: Dialog (File 236)

Inhalt: Bowkers Biographisches Verzeichnis entspricht den gedruckten Ausgaben von "American Men and Woman of Science" mit rd. 122.500 Kurzbiographien, "Who in American Art" mit 7.000 Kurzbiographien und "Who is Who in American Politics" mit rd. 25.400 Kurzbiographien.

Encyclopædia Britannica

Hersteller: Encyclopaedia Britannica (Order Support Dept., 2nd floor, 310 S. Michigan Avenue, Chicago, Illinois 60604 USA. E-Mail:orders@eb.com.)

Host: Inernet (http://www.eb.com:180/eb.html)

Inhalt: Die Encyclopædia Britannica, eines der renommiertesten Lexikas der Welt, wird per Internet angeboten. Die Nutzung ist gebühren- und anmeldepflichtig.

Everyman' s Encyclopaedia

Hersteller: J.M. Dent and Sons; Learned Information, Abingdon, Oxford, GB

Host: CompuServe/Iquest (2508)

Host: CompuServe/Knowledge Index (REFR7)

Host: Dialog (File 182)

Inhalt: Umfassendes Lexikon zu allen Wissensgebieten; entspricht der 12-bändigen 6. Ausgabe.

Grolier' s Academic American Encyclopedia

Hersteller: Grolier Electronic Publishing

Host: CompuServe (GO GROLIERS)

Inhalt: Umfassendes Lexikon zu allen Wissensgebieten; entspricht der aktuellen 21-bändigen Ausgabe.

Hutchinson Encyclopedia

Hersteller: The Hutchinson Encyclopedia

Host: CompuServe (GO HUTCHINSON)

Inhalt: Entspricht der 8-bändigen Ausgabe mit mehr als 36.000 Artikeln.

Magill' s Survey of Cinema

Hersteller: Salem Press, Pasadena, USA

Host: CompuServe/Iquest (1685)

Host: CompuServe/Knowledge Index (REFR4)

Host: Dialog (File 299)

Inhalt: Artikel und Beschreibungen von über 3500 Filmen. Entspricht der mehrbändigen Ausgabe gleichen Namens, deren Ergänzungsbände jährlich erscheinen. Außerdem beinhaltet die Datei die Filmbesprechungen aus "Magill' s Survey of Cinema: Foreign Language Films". Abgedeckt wird der gesamte Bereich des Films seit 1929, die Aktualisierung erfolgt monatlich.

Marquis Who' s Who

Hersteller: Marquis Who' s Who, National Register Publishing Company, Wilmette, USA

Host: CompuServe/Iquest (1066)

Host: CompuServe/Knowledge Index (REFR2)

Host: Dialog (File 234)

Inhalt: Kurzportraits von über 77.000 Personen aus Wirtschaft, Sport, Politik, Regierung, Kunst, Wissenschaft und Unterhaltung aus den USA. Entspricht der gedruckten Ausgabe von "Who is Who in America"

Standard & Poor' s Register - Biographical

Host: CompuServe/Iquest (1121)

Host: CompuServe/Knowledge Index (CORP5)

Host: Dialog (File 526)

Inhalt: Verzeichnet sind rd. 72.000 Manager von Unternehmen mit mehr als 1 Mio. Dollar Jahresumsatz. Aktualisierung zweimal jährlich.

Wer ist Wer?

Host: Genios

Host: T-Online/Genios (*Genios#)

Inhalt: Kurzbiographien der deutschen Prominenz.

Who' s Who

Host: Genios

Host: T-Online/Genios (*Who#)

Inhalt: Kurzbiographien von rd. 8.500 europäischen Managern.

8.9 Nachrichtenagenturen

Agence France Press English Wire

Host: CompuServe/Iquest (2033)

Host: Dialog (File 614)

Host: Genios

Host: Lexis Nexis

Host: NewsNet

Host: T-Online/Genios (*Genios#)

Inhalt: Die englischsprachigen Meldungen der Agence France Press (AFP) seit 1985 (Iquest), Mai 1991 (Lexis Nexis), Juni 1991 (Dialog) bzw. November 1993 (Genios) im Volltext.

Associated Press News

Host: CompuServe/Iquest (3195)

Host: Dialog (File 258)

Host: ESA-IRS

Host: NewsNet

Inhalt: Die Meldungen von Associated Press seit 1983 (ESA-IRS) bzw. Juli 1984 (Dialog) im Volltext.

BBC Summary of World Broadcast

Host: CompuServe/Iquest (2766)

Host: ESA-IRS

Host: Lexis Nexis (BBCSWB)

Inhalt: Die Auswertung von Rundfunk- und Agenturmeldungen aus 120 Ländern seit 1979 (Lexis Nexis) bzw. 1987 (ESA-IRS). Bei Iquest stehen die letzten 12 Monate zur Verfügung.

Elsa Swiss News Agency

Host: Data-Star (SDAA, ATSA, AGZA))

Inhalt: Volltextarchiv der Schweizer Depeschenagentur in Deutsch (ab Januar 1983), Französisch (ab Februar 1984) und Italienisch (ab November 1989).

Reuters

Host: CompuServe/Iquest (3087)

Host: Dialog (File 611)

Inhalt: Das Volltextarchiv von Reuters seit 1987; Aktualisierung täglich.

Reuters Textline

Host: CompuServe/Iquest (3133, 3134, 3135)

Host: Data-Star (TXLN)

Host: Dialog (File 771,772,799)

Host: Lexis Nexis (TXTLNE, TXTPRIM, TXTRAN)

Inhalt: Textline wertet die Artikel und Meldungen von rd. 400 Zeitungen, Zeitschriften und Nachrichtenagenturen weltweit aus. Die Datenbank enthält Abstracts und ausgewählte Artikel im Volltext. Zu den ausgewerteten Quellen gehören u.a. Berlingske Tidende (Dänemark; ab August 1982), Börsen Zeitung (Deutschland; ab Oktober 1982), Corriere Della Sera (Italien; ab März 1982), FAZ (Deutschland; ab Mai 1981), Heti Világgazdaság (Ungarn; ab September 1990), The Observer (Großbritannien; ab Juli 1980), Prawda (Rußland; ab Mai 1990), Die Welt (Deutschland; ab Mai 1981). Die Aktualisierung erfolgt mehrmals täglich.

TASS Newswire/ITAR-TASS

Host: CompuServe/Iquest (1756)

Host: ESA-IRS

Host: Lexis Nexis

Inhalt: Die Meldungen des englischsprachigen Dienstes der Nachrichtenagentur TASS seit 1985 (ESA-IRS) bzw. 1987 (Lexis Nexis) im Volltext. Über Iquest ist das laufende Jahr verfügbar.

UPI NEWS

Host: CompuServe/Iquest (1078, 1678)

Host: CompuServe/Knowledge Index (NEWS3, NEWS4)

Host: Dialog (File 260, 261)

Host: NewsNet

Inhalt: Die Meldungen von United Press International (UPI), seit April 1983 im Volltext.

8.10 Zeitungen und Zeitschriften

Die Berliner Zeitung

Host: Genios

Host: T-Online/Genios (*Genios#)

Inhalt: Die Berliner Zeitung im Volltext.

The Boston Globe

Host: CompuServe/Iquest (2718, 7221)

Host: CompuServe/Knowledge Index (NEWS13)

Host: Dialog (File 631)

Inhalt: The Boston Globe ab 1980 im Volltext.

Business Database Plus

Hersteller: Ziff-Davis

Host: CompuServe (GO BUSDB)

Inhalt: Die Datenbank beinhaltet Artikel aus rd. 1400 Wirtschafts- und Finanzzeitschriften; abgedeckt wird ein Zeitraum von bis zu 5 Jahren.

Focus

Host: GBI

Host: T-Online/GBI (*GBI#)

Inhalt: Die Zeitschrift Focus seit der 1. Ausgabe. Die Aktualisierung erfolgt einen Tag vor Erscheinen.

Frankfurter Allgemeine Zeitung

Host: Data-Star (FAZA/FAZD)

Host: GBI

Host: T-Online/GBI (*FAZ#)

Inhalt: Die Frankfurter Allgemeine Zeitung ab Januar 1993 im Volltext.

The Guardian

Host: CompuServe/Iquest (1726)

Host: ESA-IRS

Host: Lexis Nexis (GUARDN)

Inhalt: The Guardian seit 1984 (ESA-IRS), seit Janaur 1992 (Lexis Nexis) bzw. seit Beginn des Jahres (Iquest) im Volltext.

Das Handelsblatt

Host: Genios

Host: T-Online/Genios (*Genios#)

Inhalt: Das Handelsblatt ab 1984 im Volltext, Aktualisierung täglich.

Jerusalem Post

Host: CompuServe (GO JERUSALEM)

Host: Data-Star (JEPO)

Inhalt: Die englischsprachige Tageszeitung Jerusalem-Post ab Oktober 1988 im Volltext.

Los Angeles Times

Host: CompuServe/Iquest (2698)

Host: CompuServe/Knowledge Index (NEWS10)

Host: Dialog (File 630)

Inhalt: Die Los Angeles Times ab Januar 1985 im Volltext.

Magazine Database

Herteller: Information Access Company, Foster City, USA

Host: CompuServe/Iquest (1103, 1614, 7195, 7437)

Host: CompuServe/Knowledge Index (MAGA1)

Host: Data-Star (MAGS)

Host: Dialog (File 47)

Inhalt: Indiziert sind Artikel aus über 500 US-amerikanischen Zeitschriften aus den Bereichen Politik, Prominenz, Wirtschaft, Finanzen, Sport, Mode, Reisen, Kochen, Freizeit, Kunst, Musik, Wissenschaft usw. von 1959 bis 1970 und seit 1973. Der Großteil der Datensätze enthält neben den bibliographischen Angaben ein Abstract, ab 1983 stehen rd. 100 Publikationen im Volltext zur Verfügung.

Magazine Database Plus

Hersteller: Ziff Davis

Host: CompuServe (GO MAGDB)

Inhalt: Artikel von über 200 Zeitschriften, z.T. seit 1986 im Volltext. Darunter The Atlantic (ab 1986), Cosmopolitan (ab 1989), The Economist (ab 1988), Esquire (ab 1992), Forbes (ab 1986), Life (ab 1986), Science (ab 1986), Time (ab 1986) und US News & World Report (ab 1986).

Neue Zürcher Zeitung

Host: CompuServe (GO ZUERCHER)

Host: Data-Star (NZZA/NZZD)

Host: GBI

Host: Lexis Nexis (NZZ)

Host: T-Online/GBI (*GBI#)

Inhalt: Die Neue Zürcher Zeitung ab Januar 1993 im Volltext.

Russian and CIS News (früher: Soviet News)

Hersteller: Russian Information, Chicago, IL, USA

Host: Data-Star (SCNM)

Inhalt: Ausgewertet werden die wichtigsten Zeitungen und Zeitschriften der Gemeinschaft Unabhängiger Staaten (GUS). Die Datenbank enthält Informationen über aktuelle Ereignisse und Entwicklungen in Politik, Wirtschaft, Gesellschaft, und Gesetzgebung in den Ländern der ehemaligen Sowjetunion. Ab 1990, Aktualisierung täglich.

SOPRA - Russisches Pressearchiv

Host: GBI

Inhalt: Ausgewertet werden rd. 100 russische Zeitungen und Zeitschriften. Ausgewählte Artikel sind in englischer Übersetzung und die Zeitschrift "Moscow News" ist im Volltext enthalten; Aktualisierung täglich.

Der Spiegel

Host: GBI

Host: Genios

Host: T-Online/GBI (*GBI#) Genios (*Genios#)

Inhalt: Der Spiegel ab Januar 1993 im Volltext. Die aktuelle Ausgabe ist 1 Woche nach Erscheinen verfügbar.

Der Spiegel ist außerdem mit seinem Spiegel-Forum in CompuServe (GO Spiegel) und mit WWW-Seiten im Internet (http://www.spiegel.de/) vertreten.

Stuttgarter Zeitung

Host: GBI

Host: Genios

Host: T-Online/GBI (*GBI#) Genios (*Genios#)

Inhalt: Die Stuttgarter Zeitung ab 1993. Aktualisierung täglich.

Die Süddeutsche Zeitung

Host: CompuServe (GO SUEDDEUT)

Host: Data-Star (SDZT/SDZD)

Host: Genios

Host: GBI

Host: T-Online/Genios (*Genios#) und GBI (*GBI#)

Host: Lexis Nexis (SDZ)

Inhalt: Die Süddeutsche Zeitung ab Mai 1992 (Data-Star und Genios) bzw. ab November 1991 (Lexis Nexis) im Volltext. Aktualisierung täglich. Bei GBI steht nur der Wirtschaftsteil zur Verfügung.

Der Tagesspiegel

Host: Genios

Host: T-Online/Genios (*Genios#)

Inhalt: Der Tagesspiegel seit Oktober 1993 im Volltext.

Die Tageszeitung

Host: GBI

Host: T-Online/GBI (*GBI#)

Inhalt: Die Tageszeitung im Volltext ab Januar 1993, Aktualisierung täglich.

Times und Sunday Times

Host: CompuServe/Iquest (2395)

Host: Dialog (File 710)

Host: ESA-IRS

Host: Lexis Nexis (TTIMES)

Inhalt: Times und Sunday Times ab 1985 (ESA-IRS), Juni 1988 (Dialog) bzw. Januar 1990 (Lexis Nexis) im Volltext. Über Iquest stehen die letzten 12 Monate zur Verfügung.

USA Today

Host: CompuServe/Iquest (3078)

Host: CompuServe/Knowledge Index (NEWS6)

Host: Dialog (File 703)

Inhalt: USA Today ab 1988 (Dialog, KI) bzw. 1989 (Iquest) im Volltext.

The Washington Post

Host: CompuServe/Iquest (2704)

Host: CompuServe/Knowledge Index (NEWS8)

Host: Dialog (File 146)

Host: ESA-IRS

Inhalt: The Washington Post ab 1983 im Volltext.

Wirtschaftswoche

Host: Genios

Host: T-Online/Genios (*Genios#)

Inhalt: Die Wirtschaftswoche seit 1988 im Volltext.

Die Woche

Host: GBI

Host: T-Online/GBI (*GBI#)

Host: Lexis Nexis

Inhalt: Die Woche im Volltext ab 1993.

8.11 Firmenverzeichnisse

Hoppenstedt Directory of German Companies

Hersteller: Hoppenstedt Wirtschaftsdatenbank, Darmstadt

Host: CompuServe/Iquest (2528)

Host: Data-Star (HOPE)

Host: Dialog (File 529)

Host: ESA-IRS

Host: GBI

Inhalt: Verzeichnis von über 67.000 deutschen Firmen, mit einem Umsatz von über 2 Mio. DM oder mehr als 20 Beschäftigten. Die Aktualisierung erfolgt vierteljährlich.

ICC British Company Directory

Hersteller: ICC Online, London

Host: CompuServe/Iquest (1133)

Host: CompuServe/Knowledge Index (CORP2)

Host: Data-Star (ICDI)

Host: Dialog (File 561)

Inhalt: Verzeichnis aller in Großbritannien offiziell registrierter Firmen; die Aktualisierung erfolgt wöchentlich.

Standard & Poor' s Corporate Description plus News

Hersteller: Standard & Poor, New York, USA

Host: CompuServe/Knowledge Index (CORP3)

Host: Dialog (File 133)

Inhalt: Verzeichnis von rd. 12.000 führenden amerikanischen Firmen.

Standard & Poor' s Register - Corporate

Hersteller: Standard & Poor, New York, USA

Host: CompuServe/Knowledge Index (CORP6)

Host: Dialog (File 527)

Inhalt: Verzeichnis von rd. 55.000 führenden amerikanischen Firmen.

8.12 Textarchive

In den letzten 30 Jahren wurden zahlreiche Texte maschinenlesbar gemacht, z.T. mit dem Ziel, sie mit Hilfe von speziellen Programmen besser analysieren zu können.

Weltweit existieren eine Reihe von elektronischen Textzentren und Textarchiven, die nicht nur einzelne Bücher verfügbar haben, sondern z.T. die kompletten Werke einzelner Schriftsteller.

Was sich hier entwickelt hat und weiter entwickelt, ist bisher kaum systematisch erfaßt. Ein wichtiges Hilfsmittel ist „Alex - A Catalogue of Electronic Texts on the Internet", der allerdings von sich selber eingesteht, daß er nicht von professionellen Dokumentaren bzw. Bibliothekaren erstellt worden ist. Alex hat rd. 700 Bücher und Texte auf dem Internet erfaßt, darunter die Bücher folgender Institutionen und Initiativen: Projekt Gutenberg, Wiretap, Online Book Initiative, Oxford Text Archive.

Alex - A Catalogue of Electronic Texts on the Internet

Per Gopher:

gopher.lib.ncsu.edu:70/11/library/stacks/Alex

E-Mail: alex@rsl.ox.ac.uk

Directory of Electronic Text Centers

Verzeichnis von elektronischen Textzentren und -archiven, erstellt an der Universität von Princeton.

Per WWW:

http://cethmac.princeton.edu/CETH/elcenter.html

Center for Electronic Texts in the Humanities (CETH)

Per WWW:

http://cethmac.princeton.edu/CETH/ceth.html

The Groningen Historical Electronic Text Archive (Gheta)

Per Gopher:

gopher//gopher.let.rug.nl/11/ftp/pub/gheta

Per FTP:

tyr.let.rug.nl (129.125.8.20)

Projekt Gutenberg USA

Per WWW:

http://jg.cso.uiuc.edu/PG/welcome.html

Projekt Gutenberg Deutschland

Per WWW:

http://gutenberg.informatik.uni-hamburg.de/gutenb/home.htm

The Oxford Text Archive

Per WWW:

http://ota.ox.ac.uk/~archive/ota.html

8.13 Datenarchive

Daten, die von Forschern mit dem Schwerpunkt auf sozialwissenschaftlichen Fragestellungen (Geschichte, Soziologie, Politologie, Demographie etc.) seit den 60er Jahren erfaßt und maschinenlesbar gemacht worden sind, sind z.T. in eigens dazu gegründeten Datenarchiven gesammelt und für die weitere Forschung aufbewahrt und aufbereitet worden.

Schon relativ früh war man sich klar darüber, daß die gesammelten Forschungsdaten verlorengehen, wenn man sie nicht archivieren würde. Zu diesem Zwecke wurden spezielle Datenarchive gegründet bzw. vorhandene Archive begannen, auch maschinenlesbare Daten aufzubewahren.

Amerikanische und europäische Datenarchive haben sich zusammengeschlossen in der „International Federation of Data Organizations for the Social Sciences" (IFDO), der „International Association for Social Science Information Services and Technology" (IASSIS) und dem „Committee of European Social Science Data Archives (CESSDA)".

Eine wichtige Rolle spielt das Inter University Consortium for Political and Social Research (ICPSR), einer Kooperation zwischen dem „Center for Political Studies" am Institut für Sozialforschung der Universität Michigan und einer Reihe von amerikanischen und europäischen Universitäten und Datenarchiven, darunter dem Zentralarchiv für Empirische Sozialforschung in Köln und dem Steinmetz Archiv in den Niederlanden.

Überblicke über vorhandene Datenarchive finden sich auf dem Internet u.a. auf den Seiten des Niederländischen Historischen Datenarchivs (http://oasis.leidenuniv.nl/nhda/nhda-navigatie/dataarch.html) und des Norwegischen Datenarchivs (http://www.uib.no/nsd/diverse/utenland.htm).

8.13.1 Danish Data Archives (DDA)

(Islandsgade 10, DK-5000 Odense C, Dänemark, Tel.: (+45) 66 11 30 10, FAX (+45) 66 11 30 60)

Die „Danish Data Archives" (DDA) bilden eine selbständige Abteilung innerhalb der Dänischen Staatsarchive. Rd. 2000 Datensets decken folgende Gebiete ab: Wahlen, Wahlergebnisse, Meinungsumfragen, Soziologie, Geschichte und Demographie.

E-Mail:MAILBOX@DDA.DK

Per WWW:

http://gate1.dda.dk/dda.html

Per Gopher

gate1.dda.dk

Per FTP:

ftp.dda.dk (129.142.133.111)

8.13.2 Economic and Social Science Research Council (ESRC)

(University of Essex, Wivenhoe Park, Colchester, CO4 3SQ, Großbritannien, Tel.: +206 872001, Fax: +206 872003)

Das Daten Archiv des „Economic and Social Science Research Council“ an der Universität von Essex hatte zunächst das Ziel, Datensätze zu sammeln und aufzubewahren, um sie für weitere Analysen in den Sozialwissenschaften zur Verfügung stellen zu können. Doch mit wachsendem Interesse und wachsender Interdisziplinarität hat sich der Bestand ausgeweitet auf historische und Umweltdaten. Die Daten sind verfügbar als Diskette, Magnetband oder per Internet. Außerdem sind über dieses Archiv Daten von europäischen und nordamerikanischen Archiven wie dem InterUniversity Consortium for Political and Social Research (ICPSR) verfügbar. Für die Zukunft ist geplant, die Daten des „European State Finance Database Projects“ zu integrieren; dieses Projekt hat Daten aus veröffentlichten und unveröffentlichten Quellen über Staatsein- und -ausgaben der wichtigsten europäischen Länder für die Zeit von 1200 bis 1815 gesammelt. Im Datenbestand sind rd. 5.000 Datasets.

Der Katalog des Archivs steht als BIRON (Bibliographic Information Retrieval Online) per Internet zur Verfügung.

E-Mail: hann2@essex.ac.uk

Per WWW:

http://dawww.essex.ac.uk

Per Telnet:

libaccess.essex.ac.uk:17051/8

BIRON

Per Telnet:

biron.essex.ac.uk

8.13.3 Inter-University Consortium for Political and Social Research (ICPSR)

(P.O. Box 1248, Ann Arbor, MI 48106, USA, Tel.: (313) 764-2570, FAX: (313) 764-8041)

Das Inter-University Consortium for Political and Social Research (ICPSR) in Ann Arbor, Michigan, ist eine Organisation, deren Mitglieder Universitäten, Forschungseinrichtungen und Archive in der ganzen Welt sind. Die Zentrale der Organisation ist im „Center for Political Studies at the Institute for Social Research“ an der Universität von Michigan. Der Datenbestand deckt die Interessen von Disziplinen wie Politik, Soziologie, Ökonomie, Geschichte und Sozialpsychologie ab. Herkunft der Daten: Forscher, private, staatliche und internationale Organisationen. Außerdem gehören zum Datenbestand die Daten des Bureau of Census, des Bureau of Justice Statistics und des National Center for Health Statistics. Die Daten sind verfügbar auf Magnetband, Diskette, CD-ROM, Internet (FTP).

E Mail: icpsr_nctmail@um.cc.umich.edu

Per WWW:

http://icpsr.umich.edu/ICPSR_homepage.html

Per Gopher:

gopher.icpsr.umich.edu:70/1

Per Telnet:

tdis.icpsr.umich.edu

8.13.4 Steinmetz Archiv - SWIDOC

(Herengracht 410-412, NL-1017 BX Amsterdam, Niederlande, Tel.: (31)20-6225061, FAX: (31)20-6238374)

Das Steinmetz Archiv ist eine Abteilung des Social Science Information and Documentation Centre (SWIDOC), einem Institut der „Royal Netherlands Academy of Arts and Sciences". Der Bestand umfaßt rd. 2.200 Datensets, darunter Wahlen, Daten öffentlicher Einrichtungen, Meinungsumfragen ab 1962.

E-mail: STEINM@SWIDOC.NL

Per Gopher:

zonnetje.swidoc.nl:70

8.13.5 Swedish Social Science Data Service (SSD)

(Address: Skanstorget 18, S-411 22 Gothenburg, Schweden, Tel.: (+46) 31 7731000, FAX: (+46) 31 7734913)

Der „Swedish Social Science Data Service" (SSD) in Gothenburg wurde 1980 vom „Swedish Research Council for the Humanities and Social Sciences" gegründet und war zunächst Teil der politikwissenschaftlichen Fakultät an der Universität von Gothenburg, seit 1985 ist es eine unabhängige Abteilung innerhalb der Sozialwissenschaftlichen Fakultät. Zum Datenbestand: Meinungsumfragen seit 1956, Historische Statistik, Referenzdatenbank zur Schwedischen Presse seit 1938.

E-Mail: Request@SSD.GU.SE

Per WWW:

http://www.ssd.gu.se/enghome.html

Per Gopher:

gopher.ssd.gu.se:70/1

8.13.6 The Roper Center for Public Opinion Research

(Monteith Building, Room 421, 341 Mansfield Road, University of Connecticut, U-164, Storrs, CT 06268, USA, Tel.: + (203) 486-4440, FAX: + (203) 486-2123)

Das „Roper Center for Public Opinion Research“ in Storrs an der Universität von Connecticut hat vor allem Daten von Meinungsumfragen archiviert. Darunter: GALLUP Umfragen von 1936-1991, Meinungsumfragen vor und nach Wahlen seit 1972, Meinungsumfragen während des 2. Weltkriegs, Meinungsumfragen, die von ABC News, Associated Press, CBS News u.a. durchgeführt wurden. Ein Teil der Daten steht bei Dialog und dem Knowledge Index als „Public Opinion Online“ (POLL) zur Verfügung. (CompuServe/Knowledge Index (REFR8) - Dialog (File 468)).

E-mail: TESTSPI@UCONNVM

8.13.7 Zentralarchiv für Empirische Sozialforschung

(Bachemer Str. 40, 50931 Köln, Tel.: 0221-47694-0 oder 4703115, FAX: 0221-47694-44)

Das Zentral Archiv (ZA) wurde 1960 von der Universität Köln gegründet und wird von der Universität Köln und dem Ministerium für Forschung und Technologie finanziert. Der Datenbestand umfaßt alle Felder der empirischen Sozialforschung mit einem Schwerpunkt auf Untersuchungen/Meinungsumfragen. Spezielle Sammlungen: Bundestagswahlen ab 1953, Verbraucherstudien, Freizeit- und Tourismusforschung, Kommunikation und Medien, the German General Social Surveys (ALLBUS), the International Survey Programme (ISSP) und EURO-BAROMETER. Das ZA ist Mitglied von GESIS (Gesellschaft Sozialwissenschaftlicher Infrastruktureinrichtungen). Das Zentralarchiv für Historische Sozialforschung, 1977 als Serviceeinrichtung der Organisation Quantum gegründet, wurde 1987 Teil des Zentralarchivs. Der 1990 publizierte Katalog des ZA verzeichnete rd. 2.000 Datensets mit Daten seit den späten 1940er Jahren.

Per WWW:

http://www.social-science-gesis.de/za.html

Per Gopher:

gopher.za.uni-koeln.de/11/gesis/za/study/dbk/

8.14 Statistiken

Amtliche Statistik

Hersteller: Statistische Landesämter und Statistisches Bundesamt, BR Deutschland

Host: T-Online (*48484#)

Inhalt: Daten der Statistischen Landesämter und des Statistischen Bundesamtes.

Cendata

Host: CompuServe/Iquest (1686)

Host: CompuServe (GO Cendata)

Host: Dialog (File 580)

Inhalt: Ausgewählte Daten des amerikanischen "Bureau of Census" (http://www.census.gov/) Beinhaltet Daten von den 1980 und 1990 durchgeführten Erhebungen.

STATIS-BUND

Hersteller: Statistisches Bundesamt, Wiesbaden

Host: Statistisches Bundesamt (Gustav-Stresemann Ring 11, 65189 Wiesbaden, Tel: 0611/752426, Fax: 0611/724000)

Inhalt: Statistisches Informationssystem des Bundes. Die Daten, die den Statistischen Jahrbüchern zu Grunde liegen, in elektronischer Form.

World Trade Statistics

Host: Data-Star (TRADSTAT Plus)

Inhalt: Daten über Im- und Exporte der 23 wichtigsten Industrieländer.

9 Recherchekosten

Wie teuer ist nun die Recherche in Online-Datenbanken? Die wesentlichen Kostenelemente der Recherche sind

- die Telefon- und Datennetzgebühren und
- die Hostgebühren.

Hier geht es um die Hostgebühren, also um das, was an Hosts und Online-Dienste zu bezahlen ist.

Bei der Gebührenberechnung werden unterschiedliche Modelle angewandt. Die wesentlichen Komponenten sind dabei:

- Anmeldegebühren (einmalig);
- Monats-, Mindest- oder Jahresgebühren;
- Zeitgebühren (für die Dauer der Recherche);
- Anzeigegebühren (für die Datensätze).

Im folgenden werden anhand von Beispielen die Kosten von Online-Recherchen dargestellt (Stand Januar 1996). Es empfiehlt sich dringend, sich über die Preise und die Preisstrukturen der unterschiedlichen Hosts gründlich zu informieren. Auch sollte man darauf achten, ob es spezielle Mondscheintarife oder Preisnachlässe für Studenten oder Hochschulen gibt.

Zu den hier dargestellten Recherchegebühren müssen die Kosten für die Nutzung von Telefon- und Datennetzen jeweils hinzuaddiert werden.

9.1 DBI-LINK

Bei DBI-LINK wird keine Anmelde- und keine Monatsgebühr erhoben. Ein Teil der Datenbanken kann kostenlos genutzt werden, die Nutzung der Zeitschriftendatenbank kostet 40,- DM die Stunde (0,67 pro Minute) einschließlich aller ausgegebenen Datensätze. Eine 10-minütige Recherche, bei der man sich 10 Datensätze anzeigen läßt, kostet 6,67 DM.

9.2 Dialog

Pro Jahr wird bei Dialog eine Gebühr von $ 45 erhoben; anonsten gibt es keine Monats-, Mindest oder Anmeldegebühren. Berechnet werden Dauer der Recherche und die angezeigten Datensätze. Für jede Datenbank werden unterschiedliche Gebühren fällig.

Die Recherche in der Datenbank „Historical Abstracts" z.B. kostet $ 30 pro Stunde ($ 0.50 pro Min.) und $ 0.50 pro angezeigtem Datensatz. Für eine 10-minütige Recherche, bei der 10 Datensätze angezeigt werden, werden $ 10 ($ 5 Zeitgebühren plus $ 5 Anzeigegebühren) fällig, rd. 15 DM.

Die Recherche in der Datenbank „Arts and Humanities Search" kostet $ 90 pro Stunde ($ 1.50 pro Min.) und $ 1.35 pro angezeigtem Datensatz. Für eine 10-minütige Recherche, bei der 10 Datensätze angezeigt werden, werden $ 28.5 ($ 15 Zeitgebühren plus $ 13.5 Anzeigegebühren) fällig, rd. 45 DM.

9.3 CompuServe

Monatlich sind $ 9,95, rd. 15 DM, zu zahlen, darin enthalten sind 5 Std. monatliche Nutzung der normalen Angebote. Jede weitere Stunde wird mit $ 2,95 (pro Minute $ 0,049) abgerechnet.

Für die Premium-Dienste werden zusätzliche Gebühren berechnet, die sich aus der Dauer der Verbindung und den angezeigten oder heruntergeladenen Daten zusammensetzen.

Bei der Recherche in Magazin Databases Plus werden für jeden Artikel, den man sich anzeigen läßt, $ 1,50 (2,25 DM) fällig, die Verbindunsgzeit wird nicht zusätzlich in Rechnung gestellt. Eine 10-minütige Recherche mit 10 Artikeln würde in Magazine Databases Plus $ 15 (22,50 DM) kosten. Wenn man die monatliche 5 Std.-Verbindungszeit bereits ausgeschöpft hat, kommen außerdem $ 0,50 (0,75 DM) hinzu.

Die Gebühren für die Nutzung des Knowledge Index betragen $ 24 pro Stunde ($0.40 pro Min.). Die 10-minütige Recherche in Historical Abstracts mit 10 Datensätzen kostet $ 4 (6,- DM) . Eine zusätzliche Gebühr für das Anzeigen der Datensätze fällt nicht an, und die CompuServe-Verbindungskosten sind darin enthalten.

9.4 T-Online

Neben einer Anmeldegebühr von 50,- DM sind monatlich 8,- DM zu zahlen. Für die Dauer der Verbindung sind ab 18.00 Uhr und am Wochenende pro Pro Minute 2 Pfg, sonst 6 Pfg zu zahlen. Eine Recherche im Spiegel beim Anbieter GBI kostet zusätzlich 0,60 pro Min. plus 1,50 pro angezeigtem Artikel. Für 10 Minuten und 10 Artikel sind 21,- DM zu zahlen. Hinzu kommen zwischen 0,20 und 0,60 DM T-Online Verbindungsgebühren.

Eine Recherche in der Zeitschrift „Die Zeit“ beim Anbieter Genios kostet 0,60 pro Min plus 4,- pro angezeigtem Artikel. Für 10 Minuten und 10 Artikel sind hier 46,- DM zu zahlen. Hinzu kommen die T-Online Verbindungsgebühren (0,20 - 0,60 DM).

10 Online-Dienste

10.1 BLAISE-LINE, Boston Spa, Großbritannien

Blaise-Line, The **B**ritish **L**ibrary **A**utomated **I**nformation **Se**rvice, ist der Online-Dienst der British Library: Er wurde 1977 gegründet und war der erste bibliographische Online-Dienst in Großbritannien. Es werden rd. 20 Datenbanken angeboten. Zugansgmöglichkeiten über Datex-P, EUROPAnet, Janet und Internet.

http://portico.bl.uk

The British Library

National Bibliographic Service

Boston Spa, Wetherby

West Yorkshire LS23 7BQ

Tel.: +44-1937-546585

FAX: +44-1937-546586

10.2 CompuServe, Columbus, USA

CompuServe, ein Unternehmen der H&R Block, Inc., ist mit rd. 4 Mio. Mitgliedern in rd. 150 Ländern einer der größten privaten Online-Dienste der Welt. 1969 unter dem Namen „Compu-Serv Network, Inc." gegründet, betätigte sich das Unternehmen zunächst als Computer Timesharing Anbieter.

1980 begann man, die Nachrichten von 10 Nachrichtenagenturen und Tageszeitungen elektronisch zu vertreiben. Ende 1984 hatte das Unternehmen 4000 Kunden.

Zugang besteht zu Hunderten von Datenbanken, rd. 1000 Foren und über 130 elektronischen Shops. Im deutschsprachigen Raum hat CompuServe nach eigenen Angaben 250.000

Mitglieder (Januar 1996). Zu den angebotenen Diensten gehören u.a.:

- der Knowledge Index, mit über 100 Datenbanken von Dialog;
- Iquest; ein Datenbankservice, der es ermöglicht, in rd. 450 Datenbanken der großen Anbieter zu recherchieren;
- der vollständige Internet-Zugang;
- zahlreiche Zeitungs- und Pressearchive.

Zugangsmöglichkeiten über eigene Einwählknoten, T-Online, Datex-P und Internet.

http://www.compuserve.com/de/

CompuServe Deutschland

Jahnstr. 2

82008 Unterhaching

Tel.: 0130-864643

Tel.: 089-66550-0

FAX: 089-66550-255

CompuServe Schweiz

Postfach 100

CH-5703 Seon

Tel.: 155 31 79

10.3 Data-Star, Bern, Schweiz

Data-Star wurde 1981 von Radio Suisse (Bern) gegründet, gehörte ab 1988 dem schweizer Energiekonzern Motor-Columbus und wurde Anfang 1993 vom amerikanischen Medienkonzern Knight-Ridder, zu dem auch Dialog gehört, übernommen.

Über 250 Datenbanken mit den Schwerpunkten auf Wirtschafts- und Finanzinformation, Medizin, Pharmazie, Biologie und Biotechnologie stehen zur Verfügung. Zugangsmöglichkeiten über Datex-P und eigene Datennetze.

http://www.rs.ch/www/rs/datastar.html

Bundesrepublik Deutschland und Österreich

Knight-Ridder Information GmbH

Ostbahnhofstr. 13

60314 Frankfurt/Main

Tel.: 069/444063

FAX: 069/442084

Schweiz

Knight-Ridder Information AG

Laupenstr. 18a

CH-3008 Berne

Tel: +41-31-3849500

FAX: +41-31-3849675

10.4 DBI-LINK, Berlin

DBI-LINK ist der Host des Deutschen Bibliotheksinstituts (DBI) in Berlin. Das DBI entstand 1978 aus der Zusammenlegung der Arbeitsstelle für Bibliothekstechnik und der Arbeitsstelle für das Bibliothekswesen. Es werden eine Reihe bibliographischer Datenbanken angeboten, darunter der zentrale Verbundkatalog der Bundesrepublik. Zugangsmöglichkeiten über Datex-P, Internet, Telefon und WIN.

E-Mail: dbilink@dbi-berlin.de

http://www.dbi-berlin.de

Deutsches Bibliotheksinstitut

Alt-Moabit 101 A

10559 Berlin

Tel.: 030/39077-201

FAX: 030/39077-100

10.5 Dialog Information Services, Mountain View, USA

Dialog war zunächst der Name des Inhouse Retrieval Systems beim Flugzeugherstellers Lockheed. Ab 1972 bot Dialog Online-Datenbanken öffentlich zur kommerziellen Nutzung an. 1988 kaufte der Medienkonzern Knight-Ridder Dialog für $ 353 Mio.

Die Zahl der Nutzer wurde von Marktforschern Ende 1993 mit rd. 155.000 weltweit angegeben. Über 400 Datenbanken aus allen Wissensgebieten stehen zur Verfügung. Zugangsmöglichkeiten über Datex-P, Internet, Sprintnet und MCI.

E-Mail: info@www.dialog.com

http://www.dialog.com/

Bundesrepublik Deutschland und Österreich:

Knight-Ridder Information GmbH

Ostbahnhofstr. 13

60314 Frankfurt/Main

Tel: 069/444063

FAX: 069/442084

Schweiz

Knight-Ridder Information AG

Laupenstr. 18a

CH-3008 Berne

Tel.: +41-31-3849500

FAX: +41-31-3849675

10.6 DIMDI, Köln

Das Deutsche Institut für medizinische Dokumentation und Information (DIMDI) wurde 1969 gegründet und untersteht dem Bundesgesundheitsministerium. Über 70 Datenbanken aus dem Bereich der Medizin und ihrer Nachbardisziplinen

stehen zur Verfügung. Es besteht ein Hostverbund mit ECHO und mit DBI. Zugangsmöglichkeiten über Datex-P, EUROPANET, Internet, Telefon und WIN.
http://www.dimdi.de

DIMDI

Postfach 42 05 80

50899 Köln

Tel.: 0221/4724-1

FAX: 0221/411429

10.7 ECHO, Luxemburg

ECHO, die Abkürzung steht für „European Commission Host Organisation", ist der Host der Europäischen Kommission; er untersteht der Generaldirektion XIII/B, Telekommunikation, Informationsindustrie und Innovation.

Gegründet wurde er 1980 mit dem Ziel, zur Förderung der Online-Informationsnutzung in Europa beizutragen. Es stehen rd. 20 Datenbanken zur Verfügung, darunter „IM GUIDE", ein Verzeichnis elektronischer Datenbanken, Datenbankanbieter und -hersteller. Zugangsmöglichkeiten über Datex-P, EUROPANET und Internet.

E-Mail: echo@echo.lu

http://www.echo.lu

Per Telnet:

echo.lu (194.51.247.130)

ECHO - European Commission Host Organisation

B.P. 2373

L-1203 Luxemburg

Tel.: 0130-823456 (Deutschland)

10.8 ESA-IRS, Frascati, Italien

ESA-IRS (European Space Agency - Information Retrieval Service) ist der Online-Informationsdienst der Europäischen Weltraumbehörde. Seit 1972 werden Datenbanken online zur Verfügung gestellt. Heute sind es über 200 Datenbanken aus den Bereichen Naturwissenschaften, Technik, Ingenieurswissenschaften und Wirtschaftswissenschaften. Zugangsmöglichkeit über Datex-P und Internet.

http://www.esrin.esa.it/htdocs/esairs/esairs.html

Bundesrepublik Deutschland

Technologie-Vermittlungs-Agentur Berlin e.V.

Kleiststrasse 23-26

10787 BERLIN

Tel.: 030/212 95446

Fax: 030/313 0807

E-mail: tva@b-2.de.contrib.net

Vertretung in Österreich:

Forschungszentrum Seibersdorf

Hauptabteilung Information u. Dokumentation

E-mail: nevyjel@zdfzs.arcs.ac.at

A-2444 SEIBERSDORF

Tel.: 02254/780 3850

Fax: 02254/780 3860

10.9 FIZ-Technik, Frankfurt/Main

Das FIZ-Technik wurde 1979 im Rahmen der Fachinformationspolitik gegründet; es stehen rd. 120 Datenbanken zur Verfügung. Der Schwerpunkt liegt auf technisch-wissenschaftlichen und technisch-wirtschaftlichen Informationen, dazu gehören Informationen aus den Bereichen Elektrotechnik, Elektronik, Informationstechnik, Maschinen- und Anlagenbau, Werkstoffe, Textil und Biomedizin. Es besteht ein Hostverbund mit Data-Star. Zugangsmöglichkeiten über Datex-P und WIN. Ein Teil der Datenbanken kann über T-Online recherchiert werden.

Fachinformationszentrum Technik e.V.

Ostbahnhofstr. 13

60314 Frankfurt/Main

Tel: 069/43 08-0

Fax: 069/4308-200

T-Online: *69448#

10.10 GBI, München

Die Gesellschaft für Betriebswirtschaftliche Information (GBI) wurde 1978 als Host für deutschsprachige Wirtschaftsinformationen gegründet; er bietet heute rd. 80 Datenbanken, darunter zahlreiche Zeitungen und Zeitschriften im Volltext an. Zugangsmöglichkeiten über Datex-P. Einige Datenbanken stehen auch unter T-Online zur Verfügung.

GBI mbH

Postfach 810 360

81903 München

Tel.: 089/99 28 79-14

Fax: 089/99 28 79-99

T-Online: *69368#

10.11 GENIOS Wirtschaftsdatenbanken, Düsseldorf

GENIOS ist ein Unternehmen des Handelsblatts. Angeboten werden über 60 Datenbanken aus den Bereichen Wirtschaft und Finanzen, darunter zahlreiche Zeitungen und Zeitschriften im Volltext. Zugangsmöglichkeiten über T-Online und Datex-P. Eine Reihe von Datenbanken steht auch unter T-Online zur Verfügung.

GENIOS Wirtschaftsdatenbanken

Postfach 10 11 02

Kasernenstr. 67

40213 Düsseldorf

Tel: 0221/88715-24

FAX: 0221/88715-20

T-Online: *46801#

10.12 Lexis Nexis, Dayton, USA

Lexis, der größte Online-Dienst für Rechtsfragen, wurde 1973 als erster kommerzieller juristischer Suchdienst gegründet. 1979 kam Nexis mit Schwerpunkt auf Nachrichten und Wirtschaftsinformationen hinzu. Mittlerweile werden die Datenbanken von rd. 650.000 (4. Quartal 1993) Kunden weltweit genutzt.

Ab Mitte der 80er Jahre gehörte der Online-Dienst zum amerikanischen Konzern Mead Corporation (Hauptgeschäftszweig: Papier- und Holzindustrie) und wurde 1994 für $ 1,5 Mrd. an das niederländisch-englische Medienunternehmen Reed Elsevier verkauft. Die Schwerpunkte der angebotenen Daten liegen auf juristischen Informationen, allgemeinen Nachrichten, Wirtschafts- und Finanzinformationen, Länderberichten und Patenten. Rd. 2.500 Zeitungen, Zeitschriften und Nachrichtenagenturmeldungen und 1.000 Fachzeitschriften sind im Volltext verfügbar. Zugang über MCI, Sprintnet und CompuServe-Network.

http://www.lexis-nexis.com

Bundesrepublik Deutschland

Lexis-Nexis Information Services GmbH

Lindenstr. 37

60329 Frankfurt/Main

Tel.: 069/740534

FAX: 069/740638

10.13 NewsNet, Bryn Mawr, USA

NewsNet bietet rd. 700 Datenbanken, vor allem Zeitschriften, Zeitungen und Nachrichtenagenturmeldungen im Volltext an. Abgedeckt werden die Bereiche Werbung, Marketing, Wirtschafts- und Finanzinformationen, Luftfahrt, Biotechnologie, Chemie, Ausbildung, EDV, Energie, Umwelt, Internationales. Zugang über Datex-P.

NewsNet, Inc.

945 Haverford Road

Bryn Mawr

PA 19010

Tel.: +610-527-8030

FAX : +610-527-0338

10.14 OCLC Europe, Birmingham, Großbritannien

Das Online Computer Library Center (OCLC) mit Sitz in Ohio (USA) wurde 1967 als Ohio College Library Center von 54 Universitäts- und College-Bibliotheken gegründet, um einen gemeinsamen Verbundkatalog aufzubauen und den Leihverkehr zwischen den angeschlossenen Bibliotheken zu organisieren.

Heute zählt OCLC weltweit über 5000 Mitgliedsbibliotheken. OCLC Europe, die europäische Vertretung von OCLC, wurde 1981 gegründet und betreut mittlerweile über 300 Forschungs-, Universitäts- und Spezialbüchereien in 27 Ländern Europas, Afrikas und des Mittleren Ostens. Außerdem bestehen Partnerschaften mit einer Reihe von nationalen Institutionen und Gesellschaften aus diesen Regionen, die OCLC Datenbanken und Dienstleistungen vertreiben. Neben dem eigentlichen Verbundkatalog, dem „OCLC Online Union Catalogue", stehen rd. 30 weitere Datenbanken aus allen Wissensgebieten zur Verfügung. Zugangsmöglichkeiten über Datex-P, Internet und JANET.

http://www.oclc.org/oclc/press/

OCLC Europe

7th Floor, Tricorn House

51-53 Hagley Road

Edgbaston

Birmingham B16 8TP

Großbritannien

Tel.: +44-121-456 4656

FAX :+44-121-456 4680

10.15 Ovid Online, New York, USA

Der Online-Dienst „BRS Search Service" wurde 1976 gegründet und 1989 vom Medienunternehmer Maxwell gekauft und in Maxwell Online (später umbenannt in InfoPro Technologies) eingegliedert. 1990 bot BRS rd. 160 Datenbanken an.

Nach dem Tode Maxwells wurden die Online-Dienste Orbit und BRS und das Software Unternehmen „BRS Software Products" verkauft. Orbit wurde von Questel und BRS Software von Dataware Technologies übernommen. CD Plus Technologies (später in Ovid Technologies umbenannt) kaufte BRS Online, benannte den Dienst zunächst in CD Plus Online und dann in Ovid Online um. Heute stehen rd. 80 Datenbanken aus den Bereichen Gesundheit, Biomedizin, Wirtschaft,

Sozial- und Geisteswissenschaften, Naturwissenschaft und Technik zur Verfügung. Zugangsmöglichkeiten über MCI, Sprintnet und Internet.

E-Mail: support@ovid.com

Ovid Technologies

Valeriusstraat 100

1075 GC Amsterdam

Niederlande

Tel.: +31-20-6720242

FAX:+31-20-6738041

10.16 Questel/Orbit, Nanterre, Frankreich

Questel, ein Unternehmen der France Telecom (gegründet 1979), kaufte 1994 den Online-Dienst Orbit und wurde zu Questel/Orbit. Orbit gehörte vor dem Verkauf zur InfoPro Technologies, einem Unternehmen der Maxwell-Gruppe. Über 200 Datenbanken aus den Bereichen Chemie, Energie, Patente, Ingenieurswissenschaften, Wirtschafts- und Finanzinformationen stehen zur Verfügung. Zugangsmöglichkeiten über Datex-P.

http://www.bedrock.com/patents/oqovw.html

Questel/Orbit, Inc.

Groupe France Telecom

Le Capitole

55 avenue des Champs Pierreux

92029 Nanterre

Frankreich

Tel.: +33-1-4614 55 55

Tel.: 0130-811406 (Deutschland)

Fax: +33-1-4614 55 11

10.17 RLIN, Mountain View, USA

Das „Research Libraries Information Network" (RLIN) ist neben OCLC eines der bedeutendsten Bibliotheksverbundsysteme der USA mit Mitgliedsbibliotheken in der ganzen Welt. Betrieben wird das Netz von der „Research Libraries Group (RLG)", die 1974 als Verbundsystem amerikanischer Forschungsbibliotheken gegründet wurde. Zentrale Datenbank ist der Verbundkatalog mit rd. 63 Mio. bibliographischen Einträgen.

Zugangsmöglichkeiten über Internet.

E-Mail: bl.btw@rlg.stanford.edu

http://www-rlg.stanford.edu/rlin.html

The Research Library Group

1200 Villa Street

Mountain View, California 94041-1100 (USA)

Tel.: +415-962-9951

FAX: +415-964-0943

10.18 STN - Columbus, Karlsruhe, Tokyo

Das 1977 im Zuge der Fachinformationspolitik gegründete FIZ-Karlsruhe betreibt seit 1984 zusammen mit der American Chemical Society (ACS) und dem Japan Information Center of Science and Technology (JICST) den internationalen Host „The **S**cientific & **T**echnical Information **N**etwork" (STN).

Über Seekabel sind die Rechenzentren in Karlsruhe, Columbus (USA) und Tokio (Japan) miteinander verbunden. Über 200 Datenbanken mit den Schwerpunkten auf Chemie, Physik, Mathematik, Energieforschung, Materialwissenschaften und Technologie werden angeboten. Zugangsmöglichkeiten über Datex-P, EUROPANET, Internet, T-Online und WIN.

http://www.cas.org/ONLINE/CATALOG/descript.html

STN International

c/o Fachinformationszentrum Karlsruhe

Postfach 2465

76012 Karlsruhe 1

Tel: 07247/808-555

FAX: 07247/808-131

T-Online: *47808#

10.19 T-Online

T-Online ist Nachfolger des Anfang der 80er Jahre gegründeten Bildschirmtext (BTX). Anfang der 90er Jahre zunächst in Datex-J umbenannt, heißt der Dienst seit der Berliner Funkausstellung 1995 „T-Online".

Im Dezember 1995 hatte er 965.000 Nutzer und damit doppelt soviel Teilnehmer wie im Herbst 1993 (rd. 450.000). Rund 2.600 Anbieter aus den verschiedensten Branchen und Bereichen bieten ihre Dienstleistungen an. Einige Datenbanken der Anbieter FIZ Technik, GBI, Genios und Juris stehen hier neben ausgewählten Daten des Statistischen Bundesamtes und der Statistischen Landsämter zur Verfügung. Ein vollständiger Zugang besteht zum Host STN (nur mit Kundenkennung).

T-Online bietet neben einem direkten Internet-Zugang Übergänge zu den Videotextsystemen von u.a. Frankreich (Teletel), Großbritannien (Prestel), den Niederlanden (Viditel), Österreich (Bildschirmtext) und der Schweiz (Swiss Online) an. Zugang über örtliche Einwählknoten (analog und ISDN). Informationen gibt es bei den örtlichen Fernmeldeämtern und der zentralen T-Online-Beratung.

http://www.dtag.de/

T-Online

Olgastraße 63

89073 Ulm

Tel: 0130-0190

FAX: 0731/100-4565

10.20 Neue Online-Dienste

Die folgenden Online-Dienste haben gerade ihre Tätigkeit aufgenommen.

Bertelsmann Online - America Online

Ein Joint Venture von Bertelsmann und America Online (AOL).

http://hamburg.bda.de:800/bda/int/bos/index.html

Bertelsmann Online GmbH &Co KG

Baumwall 7

20459 Hamburg

Europe Online

Unter maßgeblicher Beteiligung des Burda Verlages gegründet, ist Europe Online (EO) mit seinem Angebot über das Internet zu erreichen.

Europe Online Deutschland GmbH.

Arabellastraße 23

D-81925 München

Tel.: 089/92097-0

FAX: 089/92097-101

E-Mail: info@eo.net

http://www.europeonline.com/

MSN - The Microsoft Network

Seit dem Start im August 1995 wird die Zahl der Mitglieder bereits mit über 500.000 angegeben.

http://www.msn.com/

MSN - The Microsoft Network

One Microsoft Way

Redmond, WA

98052-6399, USA

Tel.: 0130-814479 (Deutschland)

11 Online Recherchen anhand praktischer Beispiele

11.1 Recherchestrategien

Bevor man eine Recherche beginnt, muß man klären, in welcher Datenbank man überhaupt suchen will. Wo könnten sich die Informationen befinden, die man haben will. Möglicherweise gibt es mehrere Datenbanken, die man nacheinander befragen kann. So wie man eine Bibliothek aussucht, in der man die meisten Bücher zu einem Thema vermutet, so sucht man den Online-Dienst aus, bei dem die meisten der Datenbanken zur Verfügung stehen, die Informationen zum Thema enthalten.

Jeder Host hat seine eigene Oberfläche, sein eigenes Ordnungssystem und seine eigene Retrieval-Sprache. Man muß sich also mit der Benutzeroberfläche, der Menüführung oder der Retrieval-Sprache vertraut machen.

Welche Hilfsmittel stehen zur Verfügung, um z.B. Probleme der Schreibweisen zu umgehen? Welche Möglichkeiten der Trankierung von Wörtern gibt es? Welche Suchbefehle beziehen welche Datenfelder mit ein? Welche Datenfelder gibt es, in welchen Feldern wird mit oder ohne Zusatzbefehle gesucht? Welche Befehle stehen überhaupt zur Verfügung?

Bevor man sich an die Recherche macht, muß man sich über die Schlüsselbegriffe, die zu einem Thema gehören, klar sein, denn es wird nach Worten und Begriffen gesucht. Wer mit nur einer vagen Vorstellung losgeht, um - so wie früher - einen Nachmittag in der Bibliothek zu verbringen, wird im Falle der Online-Recherche sein teures Wunder erleben.

Es muß geklärt sein, welche Begriffe und verwandten Wörter es gibt. Möglicherweise ist es ratsam, die Suche in einer Enzyklopädie zu beginnen. Der bzw. die aufgefundenen Artikel führen nicht nur in das Thema selbst, sondern auch in die Begriffswelt ein. Anders als im Stichwortkatalog einer Bibliothek kann man in einer Datenbank nicht herumblättern, in der Hoffnung, das Richtige schon zu finden.

Ein Problem, mit dem man bei der Suche in Datenbanken konfrontiert wird, ist die Sprache. Die Sprache der Datenbanken ist fast immer Englisch. Man muß sich also auch damit beschäftigen, wie die Fachbegriffe im Englischen heißen und wie sie geschrieben werden. Man denke nur an Chemie und Chemistry, an Geisteswissenschaften und Humanities oder Naturwissenschaften und Sciences.

Man muß sich darüber im klaren sein, daß Rechtschreibfehler oder falsch ausgewählte Begriffe zu schlechten oder gar keinen Suchergebnissen führen. Die Suchstrategie, die man entwickelt, hängt davon ab, ob man einen speziellen Aufsatz bzw. ein spezielles Buch sucht oder ob man ganz allgemein Einstiegsliteratur in ein Thema haben will. In beiden Fällen wird man unterschiedlich vorgehen.

Im ersten Falle wird man die Suche mit möglichst vielen Kriterien so weit eingrenzen, wie es möglich ist; vielleicht hat man den Namen des Autoren, evtl. den Titel, möglicherweise sogar die ISB-Nummer. Je genauer in diesem Falle die Angaben, um so schneller und preiswerter erhält man die gesuchte Information.

Im zweiten Falle wird man die Grenzen weiter stecken und die Fragestellung nicht so sehr spezialisieren, daß man keine Antworten mehr bekommt. Im Verlauf der Recherche wird sich herausstellen, ob man die Grenzen enger oder weiter ziehen muß. Wenn die Suche zu viele Ergebnisse erzielt, wird man nach Kriterien suchen, um die Recherche einzuengen. Und wenn man zuwenig erhalten hat, wird man versuchen, die Grenzen zu erweitern.

Es ist eine Frage der Übung und Erfahrung, aber jeder wird feststellen, daß er recht schnell ein Gespür dafür entwickelt. Am Anfang ist alles neu, und man muß an viele Dinge gleichzeitig denken. Die Retrieval-Sprache ist neu, die Suchumgebung fremd, man steht unter einem zeitlichen Druck, und meistens ist niemand da, den man mal eben fragen kann.

Wichtig ist, daß man sich vor Beginn der Recherche alle Schritte aufschreibt, die man gehen will und sich diese Notizen neben den Computer legt. Dazu gehört u.a.:

- in welcher Datei will man beginnen?
- Mit welchen Befehlen will man nach welchen Begriffen suchen?
- Mit welchen Befehlen kann man sich die gefunden Datensätze anzeigen lassen?

Die wesentlichen Rechercheschritte:

1. **Auswahl der Datenbank**
2. **Durchsuchen der Datenbank**
3. **Anzeigen der Datensätze**

Fragen, die vorher geklärt werden müssen:

Wie lautet der Befehl zur Auswahl einer Datenbank?

Welche Bezeichnung hat die Datenbank?

Welche Datenfelder besitzt die jeweilige Datenbank?

Mit welchen Befehlen bzw. Befehlskombinationen werden welche Datenfelder durchsucht?

Mit welchen Zeichen können Begriffe trankiert werden?

Wie kann man sich die unterschiedlichen Indizes anzeigen lassen?

Wie können Verknüpfungen zwischen unterschiedlichen Kriterien erzeugt werden?

Wie lauten die Befehle zur Ausgabe der Datensätze, und welche Ausgabeformate gibt es?

Weil man nicht alles, was auf dem Bildschirm ausgegeben wird, sofort lesen und begreifen kann, ist es sehr wichtig, alles in einer Protokolldatei abzuspeichern. Wenn man weiß, daß alle Teile der Recherche aufgezeichnet werden, kann man außerdem wesentlich ruhiger an die Recherche herangehen. Nachdem die Online-Verbindung zum fremden Rechner beendet ist, kann man in aller Ruhe die Ergebnisse ansehen, auswerten und das eigene Vorgehen überprüfen. Wenn sich während der Recherche herausstellt, daß die vorbereitete Strategie zu keinem oder keinem befriedigenden Ergebnis führt, sei es, daß die ausgewählten Suchbegriffe zu keinen oder zu zuvielen Datensätzen geführt haben, sollte man die Online-Verbindung sofort abbrechen und in aller Ruhe eine neue Strategie überlegen. Langes Nachdenken und Ausprobieren während der Rechnerverbindung führt in der Regel nicht zu besseren Ergebnissen, sondern nur zu höheren Kosten.

11.2 Grolier's Academic American Encyclopedia

Die aktuelle Ausgabe von „Grolier's Academic American Encyclopedia“ steht bei CompuServe zur Verfügung. Die Suche nach Informationen könnte also durchaus hier ihren Anfang nehmen. Das hier dargestellte Retrieval wird mit dem CompuServe Information Manager für Windows (WinCIM) durchgeführt.

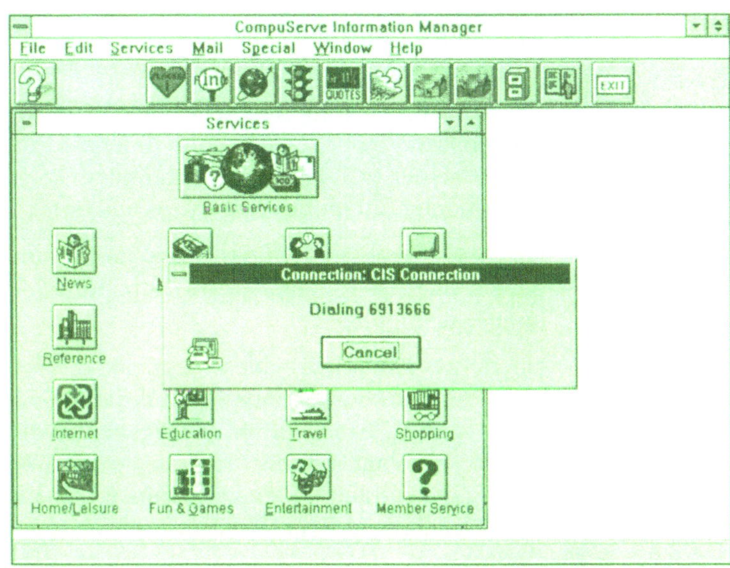

Bild 11-1: Verbindungsaufnahme mit CompuServe

Genauso könnte auch ein Terminalprogramm wie Procomm, Terminate oder Telix benutzt werden. Zunächst wird der örtliche Einwählknoten angewählt und die Verbindung zu CompuServe hergestellt.

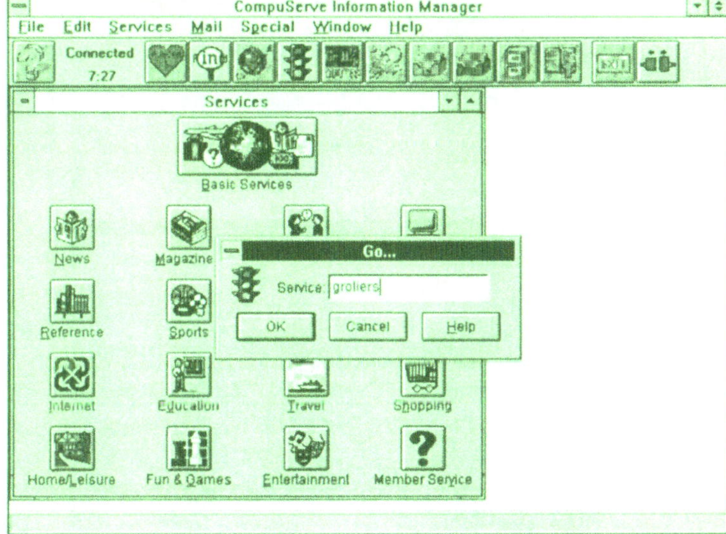

Bild 11-2: Grolier´s Encyclopedia mit „GO groliers" auswählen

Verbindungsaufnahme, Einloggen, Eingabe des Paßwortes werden vom WinCIM automatisch durchgeführt.

Nachdem die Verbindung zu CompuServe hergestellt wurde, wählen wir „Grolier´s Academic American Encyclopedia“ mit dem Befehl „GO groliers“ aus, und es erscheint das Eingangsmenü zur Online-Ausgabe von Grolier's Enzyklopädie.

Durch Auswahl der Punkte „Introduction“ und „Users Guide“ erhält man eine genauere Beschreibung und eine Bedienungsanleitung.

Durch Auswahl des Feldes „Search Encyclopedia“ wird die Suche im Lexikon begonnen. Es erscheint ein Feld, in das der Suchbegriff („Search term“) eingegeben wird. In diesem Fall wollen wir herausfinden, was es mit den Bool´schen Operatoren auf sich hat, woher sie kommen und warum sie so heißen. Als Retrieval-Begriff wird „bool*“ eingegeben.

Bild 11-3: Das Eingangsmenü von Grolier's Enzyklopädie

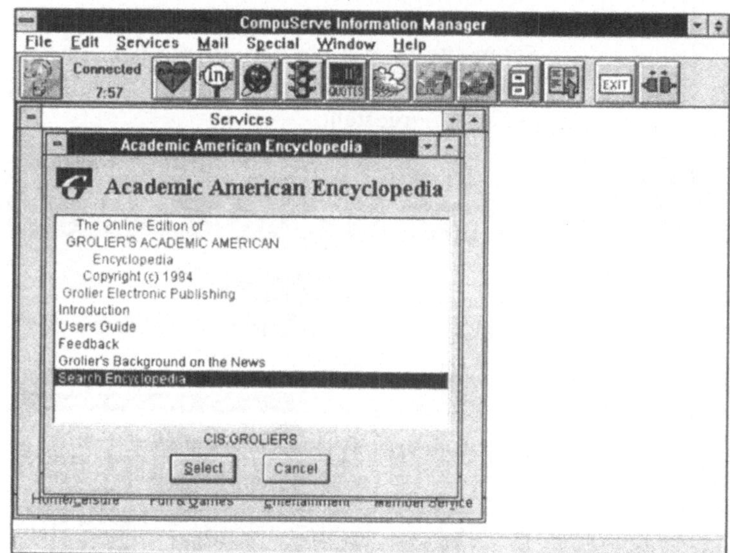

Der Stern (*) dient als Trankierungszeichen, d.h. die Suche wird nicht auf das Wort BOOL beschränkt, sondern es werden auch die Flexionen des Wortes und damit zusammen-

Bild 11-4: Dialogfeld zur Eingabe des Suchbegriffs

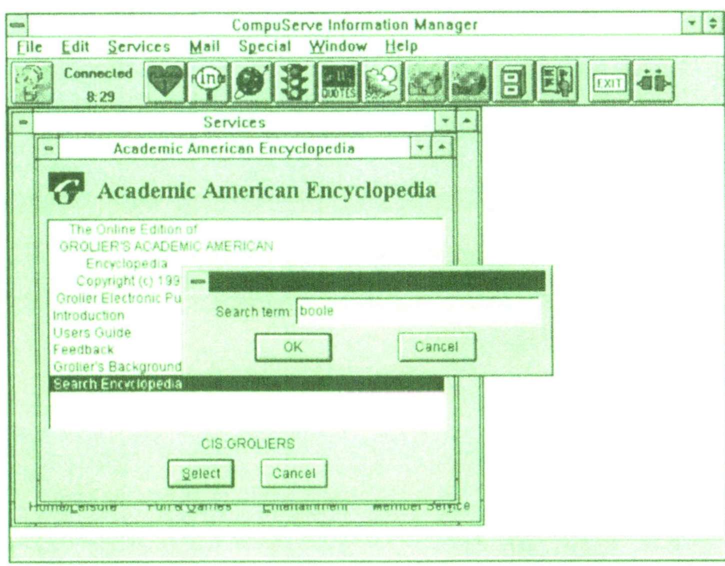

gesetzte Wörter gefunden. Die Suche ergibt 2 Artikel zum Stichwort „bool". („Articles selected: 2 that begin with ["bool*"). Wir wählen zunächst den Artikel über George Boole, den englischen Mathematiker.

Bild 11-5: Ergebnis der Suche

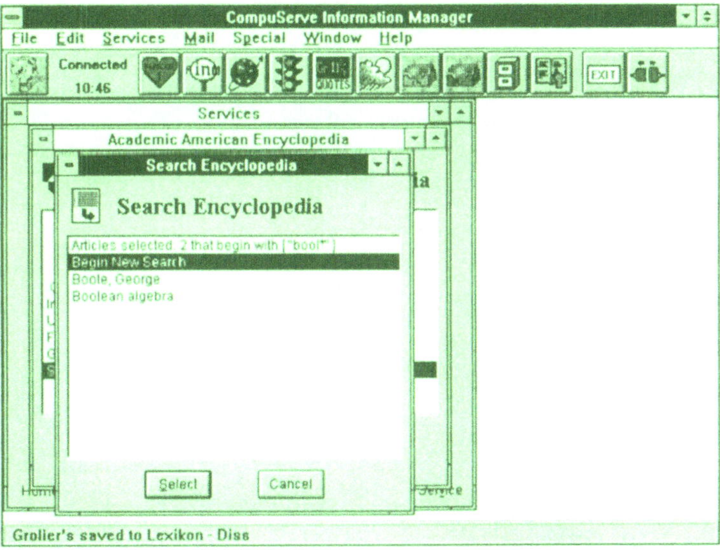

Durch Doppelklick auf „BOOLE, GEORGE“ oder durch Hervorheben und Anklicken des Feldes „Select“ mit der Maus erscheint der vollständige Artikel. Durch Anklicken des Kästchens „File it“ speichern wir den gesamten Artikel.

Bild 11-6: Anzeigen des Artikels über George Boole

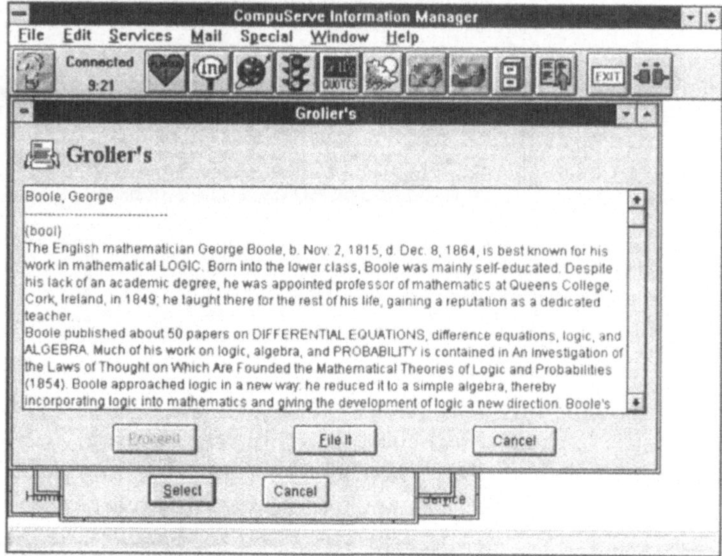

Anschließend lassen wir uns den 2. Artikel („Boolean Algebra“) über die Boolesche Algebra anzeigen und speichern ihn ebenfalls mit „File it“.

Durch Betätigen der Tasten STRG+D oder durch Anklicken des Icons oben rechts (neben Exit) wird die Verbindung mit CompuServe beendet.

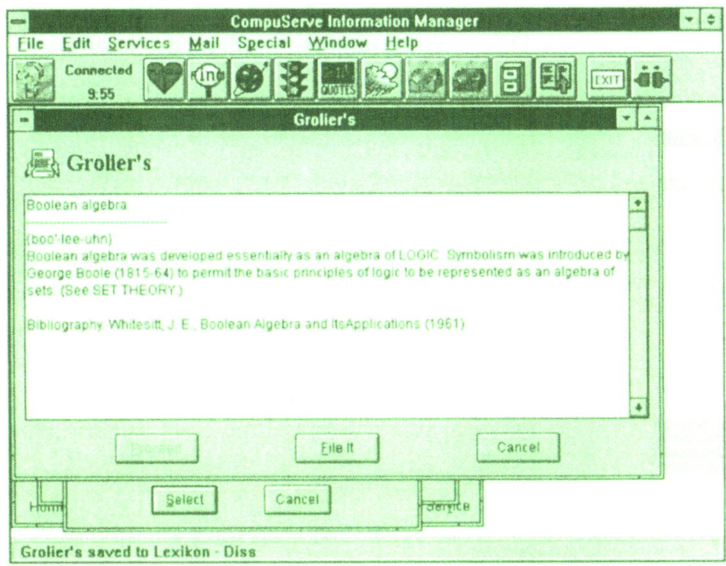

Bild 11-7: Anzeigen des Artikels über die Boolesche Algebra

11.3 IM GUIDE

Eine Datenbank, die Informationen über Hosts, Datenbanken und Informationsvermittler enthält, ist „IM GUIDE“ (Kurzform „IM92“), vom Host ECHO in Luxemburg. Man kann „IM GUIDE“ ohne Anmeldung benutzen. Mit dem Paßwort „ECHO“ erhält man kostenlosen Zugang. Erreichbar ist ECHO folgendermaßen:

Datex-P- NUA: 0270 448112

Per Telnet: echo.lu (194.51.247.130)

Per WWW: http://www.echo.lu

Die Verbindung per EUROPAnet (früher: IXI) wurde eingestellt.

11.3.1 Verbindungsaufnahme per Internet

Die Verbindung zu ECHO wird per Telnet über das Internet hergestellt. Zunächst stellen wir eine Internet-Verbindung her, indem wir uns am Rechenzentrum der Universität Hamburg mit einem einfachen Terminalprogramm per Modem einwählen. Nach Herstellen der Verbindung („Connect 14000/V42bis") werden wir nach unserer Kennung („Login:") und unserem Password gefragt.

Wie der jeweilige Zugang zum Internet in den einzelnen Hochschulen oder bei anderen Internet-Anbietern vor sich geht, ist unterschiedlich. Eine genaue Beschreibung erhält man bei seiner Hochschule bzw. seinem Internet-Provider.

```
CONNECT 14400/V42BIS

Universitaet Hamburg, Rechenzentrum - #4

Eingetragene Menschen und Maschinen sind herzlich willkommen,
allen anderen ist der Zugriff ebenso herzlich verboten.

Bitte benutzen Sie Ihre Projekt-Kennung oder 'hilfe' <Return>.

login: HANS88
Password: XXXXXX

**********************************************************
* Welcome to IBM AIX Version 3.2!                        *
*                                                        *
* Please see the README file in /usr/lpp/bos             *
* for information pertinent to                           *
* this release of the AIX Operating System.              *
*                                                        *
**********************************************************
```

Nachdem wir eine Verbindung zum Internet hergestellt haben, wählen wir den Host ECHO durch Eingabe von „telnet echo.lu“ an.

```
rzaixsrv2 $ telnet echo.lu

Trying...
Connected to echo.lu

Escape character is '^]'.

% This is ECHO, please enter the public code ECHO or your personal
code

ECHO

% JMS0066 GRIPSR 94-09-29 10:56 7043
% CMD0553
```

Anstatt „echo.lu“ kann man auch die numerische Adresse (194.51.247.130) eingeben. ECHO meldet sich („This is ECHO“), und wir werden zur Eingabe des Zugangscodes („Please enter your code“) aufgefordert. Als Code geben wir „ECHO“ ein und es erscheint das Begrüßungsmenü.

Hier kann festgelegt werden, in welcher Sprache wir arbeiten wollen; Fehlermeldungen, Hilfstexte etc. werden dann in der gewählten Sprache angezeigt. Die Informationen in den Datensätzen selbst sind in Englisch; mit der Eingabe „3“ wählen wir die deutsche Benutzerführung.

Es erscheint das ECHO Hauptmenü, das neben Informationen über die vorhandenen Datenbanken unter dem Punkt 2 auch eine menügestützte Benutzerführung anbietet.

```
ECHO - European Commission Host Organisation

        -oOo-

Enter          1  in order to work in English
Tapez          2  pour travailler en francais
Geben Sie      3  ein um auf Deutsch zu arbeiten
Digitate       4  per lavorare in italiano
Teclee         5  para trabajar en espanol
Toets          6  om in het Nederlands te werken
Tast           7  for at arbejde paa dansk
Dactilografe   8  para trabalhar em portugues
------------------------------------------------------------------------
Please enter your choice :
3
```

```
ECHO  -  Hauptmenue
-------------------------------------------------------------------
1+: Allgemeine Informationen
2 : Datenbanken zur Benutzerfuehrung (inkl. IM GUIDE, IM FORUM)
3 : Datenbanken im Bereich der Forschung und Entwicklung
4 : Informationsdienst der Gemeinschaft fuer F & E (CORDIS)
5 : Datenbanken und Dienste fuer die Sprachindustrie
6 : Datenbanken und Dienste fuer die Wirtschaft und den Handel
7 : Innovationsprojekte
8 : Elektronische Mailbox
-------------------------------------------------------------------
          80  Hilfe    90  weitere Befehle
Ihre Wahl bitte :
90
```

Wir gehen mit „90“ zum nächsten Bildschirm und wählen dort den Punkt 4 („CCL Modus“), um die Recherche im Kommando-Modus durchzuführen.

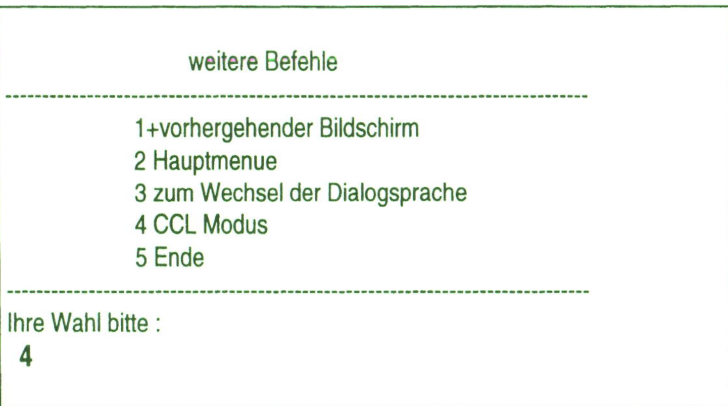

CCL ist die Abkürzung für Common Command Language, der hier benutzen Retrieval-Sprache, die auch mit dem Namen „GRIPS“ bezeichnet wird und relativ verbreitet ist.

Tabelle 11-1: Einige Befehle der Retrieval-Sprache CCL

Befehl	**Beschreibung**
Base (BAS)	Auswahl der Datenbank
Define (DEF)	Es können Systemparameter festgelegt werden; z.B. welche Datenfelder mit „show“ angezeigt werden sollen.
Display (D)	Zeigt einen Ausschnitt des Datenbank-Index an
Find (F)	Suche nach einem oder mehreren Begriffen
Help (H)	Aufruf der Online Hilfe
Info	Aufruf von Informationen über Datenbanken
Order (O)	Bestellung von Dokumenten
Save (SA)	Speichern eines Suchprofils

Show (S)	Anzeigen der gefundenen Datensätze
Stop	Beenden der Verbindung
In Klammern die Kurzform; zwischen Groß- und Kleinschreibung besteht kein Unterschied.	
Logische (Boolesche) Operatoren:	
AND	(und) Kriterien werden miteinander verbunden, um aus zwei oder mehr Mengen eine kleinere Teilmenge zu bilden.
OR	(oder) Kriterien werden so miteinander verbunden, daß sich größere gemeinsame Mengen bilden.
NOT	(aber nicht) Kriterien werden ausgeschlossen, um kleinere Teilmengen zu bilden.
Trankierung und Maskierung:	
$	das Dollarzeichen dient zur Trankierung des Suchbegriffs
Die Retrieval-Sprache Grips bzw. CCL wird u.a. bei folgenden Hosts benutzt: DBI-LINK, DIMDI, ECHO, ESA-IRS.	

11.3.2 Suche nach: „DPA"

Mit dem Befehl „Base" wählen wir die Datenbank „IM GUIDE" aus; es erscheinen die Mitteilung, daß die gewünschte Datenbank ausgewählt wurde („Base Command accepted for IM92"), das Datum der letzten Aktualisierung und ein Hinweis, daß man durch Eingabe von „INFO IM92" Informationen über die Datenbank erhalten kann.

Mit dem Befehl „find" wird nach Datenbanken der Nachrichtenagentur „DPA" gesucht; Groß- oder Kleinschreibung machen in diesem Fall keinen Unterschied.

Der Befehl „find" ohne Zusatz veranlaßt das System, in den Freitextfeldern zu suchen; Freitextfelder sind hier die Textfelder AB (Abstract), DES (Schlagwort), NA (Name), ADD (Adresse), CN (Firmenname). Wir haben die Suche auf das

Namensfeld (NA=) beschränkt. Nur wenn dort eine Übereinstimmung gefunden wird, wird der entsprechende Datensatz ausgewählt.

```
? base im guide

BASE COMMAND ACCEPTED FOR IM92;IM GUIDE;21.09.1995
******************************************
*     I'M  G U I D E          *
******************************************

SIE KONNEN JETZT IHRE ABFRAGE MIT DER CCL BEGINNEN.
WEITERE INFORMATIONEN UBER IM GUIDE ERHALTEN SIE BEI BE-
DARF MIT DER EINGABE : INFO IM92

? find na=dpa

1.00 NUMBER OF HITS IS 2
? show
```

Die Suche ergibt 2 Treffer („Hits"), d.h. es gibt 2 Datensätze, in deren Namensfeldern das Wort „DPA" auftaucht.

Mit „show" lassen wir uns die gefundenen Ergebnisse anzeigen. Die Mitteilung „End of Show" zeigt an, daß alle mit „find" aufgefundenen Datensätze mit „show" ausgegeben wurden. Gefunden wurde mit DPA die Deutsche Presseagentur und ebenfalls das Deutsche Patentamt. Die Datensätze, die hier gekürzt wiedergegeben sind, beinhalten die Datenfelder Name (NA), Organisationstyp (ORTY), Adresse (ADDR), Land (CY), Telefon (TEL), Kontaktperson (CP), Produzierte Datenbanken (PRODU), Datenbanken (DB) und CD-ROMs (CD).

```
1.00/000001   ECHO: -IM GUIDE /COPYRIGHT ECHO
NA:           (DPA) Deutsche Press-Agentur GmbH
ORTY:         DBPR    ... Database/Databank producer
              PUBL    ... Publisher
ADDR:         Mittelweg 38
              D - 20148 Hamburg
CY:           DE... Germany
TEL:          +49-40-4113327
PRODU:        (DPA-EUROPADIENST) DPA-Europadienst

1.00/000002
NA:           (DPA) Deutsches Patentamt
ORTY:         DBPR    ... Database/Databank producer
ADDR:         Zweibrueckenstr. 12
              D - 80331 Muenchen
CY:           DE ... Germany
TEL:          +49-89-21953927
FAX:          +49-89-21952221

PRODU :       (PATDPA) Patentdatenbank des Deutschen Patentamtes
              (PATGRAPH) Patent- Graphik
              (RALF) Rechtsstand-Auskunft und Lizenz-Foerderung
              (PATENT DATABASE) PATENT Database
              (PATDD) Patdd
DB:           (RALF) Rechtsstand-Auskunft und Lizenz-Forderung
CD:           (PATENT DATABASE) PATENT Database

***END OF SHOW***
? stop
```

Insgesamt verfügt IM GUIDE über drei unterschiedliche Typen von Datensätzen: Datensätze mit Beschreibungen von Datenbanken (Database Record), Datensätze mit Beschreibungen von Hosts und Datenbankproduzenten (Organisation Record) und Datensätze mit Beschreibungen von Informationsvermittlern (Broker Records).

11.4 Der Verbundkatalog

Der Verbundkatalog maschinenlesbarer Katalogdaten, die aktuelle Version ist der VK94, ist ein überregionaler Bibliothekskatalog und dient als Nachweis der in deutschen Bibliotheken archivierten Literatur.

Der Katalog enthält die maschinenlesbar erfaßten Titel und Standortnachweise wissenschaftlicher Bibliotheken der Bundesrepublik Deutschland. Er verzeichnet Literatur aus allen Sprachen und Sachgebieten, aber er ist kein Gesamtkatalog. Bei DBI-LINK, dem Host des Deutschen Bibliotheksinstituts, ist der Verbundkatalog verfügbar. DBI-LINK ist folgendermaßen zu erreichen:

Per Datex-P: 45 300 040 020

Per WIN: 45 050 130 160

Per WWW: http://www.dbi-berlin.de/

Per Telnet: dbi.x29-gw.dfn.de

Per Telefon: 030/8533031 (2.400 Baud;E,7,1)

Die Recherche in der Datenbank VK94 ist kostenlos und ohne vorherige Anmeldung mit dem öffentlichen Paßwort „dbilink“ möglich.

11.4.1 Verbindungsaufnahme per Datex-P

Zunächst stellen wir die Verbindung zum Datex-P-Knoten (Tel.: 19552) her. Die Buchstaben „ATDT“ vor der Rufnummer, sind die Befehle, mit denen das Modem veranlaßt wird, die Telefonnummer zu wählen.

„AT“ versetzt das Modem in die Bereitschaftsstellung, und der Befehl, der folgt, lautet „DT“, die Abkürzung für „Dial Tone“. Er veranlaßt das Modem, im Ton-Verfahren die folgende Nummer („19552“) zu wählen. Nachdem die Verbindung hergestellt ist, erscheint die Meldung „Connect 14400“, was bedeutet, daß eine Verbindung bei einer Geschwindigkeit von 14400 Bit/s hergestellt wurde.

```
ATDT19552

CONNECT 14400
[.] [↵] (Eingabe von Punkt und Return)

DATEX-P: 44 4000 49151

NUI HANS88

DATEX-P: Passwort
XXXXXX

DATEX-P: Teilnehmerkennung HANS88 aktiv


45 300 040 020

DATEX-P: Verbindung hergestellt mit 45 3000 40020
      (001) (n, Tlnkg dzfg86 zahlt, Paket-Laenge: 128)
```

Anschließend wird ein [.] (Punkt) eingegeben und die [↵]-Taste betätigt. Dann meldet sich die Datex-P-PAD, und wir geben zunächst unsere Teilnehmerkennung und dann das entsprechende Paßwort ein. Schließlich erscheint die Meldung, daß die Nutzerkennung aktiv ist. Jetzt wird die Network User Address (NUA) des DBI-LINK Hosts („45 300 040 020“) eingegeben, und es erscheint die Meldung, daß die Verbindung hergestellt ist.

Nach der Verbindungsaufnahme zum DBI-LINK Rechner werden wir zum LOGIN aufgefordert („Please enter Net Command“). Das LOGIN erfolgt mit „o dbilink“ (o wie open) (beim Zugriff per Telnet vom Internet aus lautet es: „o dbilink,0/131“). Anschließend wird das öffentliche Paßwort „dbilink“ eingegeben. Beim Zugang mit dem öffentlichen Password ist die Auswahl des Verbundkatalogs voreingestellt.

```
CN01 PLEASE ENTER NET COMMAND
o dbilink
CN04 CONNECTED WITH X29DLG,0/131;IND=C'::'
Stand 24.10.95
Weitere Informationen:
   DBI-LINK : Tel. (030) 390 77-201 ; Fax. (030) 390 77-100
USER-NUMBER      = dbilink

CUSTOMER-NUMBER IS DBILINK

USERCODE USED LAST ON 04.11.95 AT 13:45

YOU ARE NOW ACCEPTED BY GRIPS VERSION 5.00
PLEASE ENTER: BASE-COMMAND

BASE COMMAND ACCEPTED FOR VK94; Verbundkatalog 94 ;ED=01.01.50
TO 30.06.94
```

11.4.2 Hinweise zum Retrieval

Bei der hier verwendeten Retrieval-Sprache handelt es sich um die Version 5.0 von GRIPS, die im wesentlichen mit der bei ECHO verwandten CCL übereinstimmt. Mit dem Befehl „Find" ohne weitere Zusätze wird in den Freitextfeldern gesucht; zu den Freitextfeldern gehören hier die Datenfelder Titel (TI), Zusatztitel (ST), Parallelsachtitel (PT), Originaltitel (UT) und weitere Titel (OT).

Tabelle 11-2: Die Datenfelder des Verbundkatalogs (in alphabetischer, nicht tatsächlicher Reihenfolge)

AU	Autor; erster bis dritter Verfasser
AS	Verfasserangabe
CA	Namen der Urheber (1-3) oder der Körperschaften (1-3)
DI	Dissertation
DS	Dissertationsvermerk
DT	Dokumenttyp (M=Monographie; P=Band; B=Grundwerk)
ED	Ausgabebezeichnung

IB	ISBN (nach Vorlage)
KO	Kollationsvermerk
ND	Datensatznummer
NR	Nummer
NT	Fußnoten
OT	weitere Titel
PN	Patentnummer
PP	Erscheinungsort
PT	Parallelsachtitel
PU	Verlag
PY	Erscheinungsjahr
RA	weitere Namensformen des Verfassers
RC	weitere Namensformen der Körperschaften
RN	Referenznummer
SE	Serien
SG	Bibliothekssigel
SN	ISBN (normiert)
SS	Unterreihen bei mehrbändigen Werken
ST	Zusatz zum Sachtitel
SU	Namen gefeierter Personen (1-3) bei Festschriften
TI	Titel
UT	Originaltitel
VL	Bandzählung
VM	bibliographische Angaben zum Band
Angaben der Leihverkehrsregionen	

Die Suche in anderen Feldern muß durch Eingabe des jeweiligen Feldkürzels ausdrücklich veranlaßt werden. Die Eingabe „Find Goethe“ führt nur zu den Büchern, die in den Freitextfeldern (Titel, Zusatztitel, Parallelsachtitel, Originaltitel, weitere Titel) das Wort „Goethe" verzeichnen. Man würde auf diese Weise Bücher über Goethe, aber nicht von ihm selbst finden. Die Werke, die Goethe geschrieben hat, lassen sich nur über das Autorenfeld (AU) finden, z.B. „Find AU=Goethe".

Das „?", das nach den Rechnermeldungen erscheint, bedeutet, daß der Rechner auf weitere Befehle wartet. Die Nummer vor der Meldung der Suchergebnisse, ist die Nummer der jeweiligen Recherche. Man kann auch die Nummer der Recherche aufrufen, die Datensätze ausgeben lassen oder sie mit weiteren Kriterien verknüpfen.

11.4.3 Suche nach: „Geschicht? und Datenver?"

Wir suchen Buchtitel zum Thema Geschichte und Datenverarbeitung. Um unterschiedliche Wortkombinationen einzubeziehen, trankieren wir beide Begriffe mit dem Fragezeichen „?". Mit dem Operator „and" werden beide Kriterien verknüpft, d.h. es wird eine Teilmenge aus den Titeln gebildet, die das Wort „Geschichte..." und denen, die das Wort „Datenverarb..." beinhalten.

```
? f geschichte? and datenverarb?

1.00  NUMBER OF HITS IS  12
? sh hc

1.00/000001 DBI-LINK: -  Verbundkatalog 94  /COPYRIGHT DBI
AU: Voltz, Hannspeter
TI: Menschen und Computer
ST: Streifzüge durch die Geschichte der Datenverarbeitung
(...)
***END OF SHOW***

? f geschicht? and datenver?

2.00  NUMBER OF HITS IS  23
? sh F=AU;TI;ST
```

Das Ergebnis sind 12 Titel, die mit dem Befehl „sh hc" angezeigt werden. „sh" ist die Abkürzung für „show" und „hc" steht für Hardcopy. Die Kombination „show hc" bewirkt, daß alle Datensätze ohne Unterbrechung ausgegeben werden. Normalerweise würde Bildschirmseite für Bildschirmseite angezeigt.

Das Ergebnis sind Titel, die sich mit der Geschichte der Datenverarbeitung befassen und uns nicht interessieren.

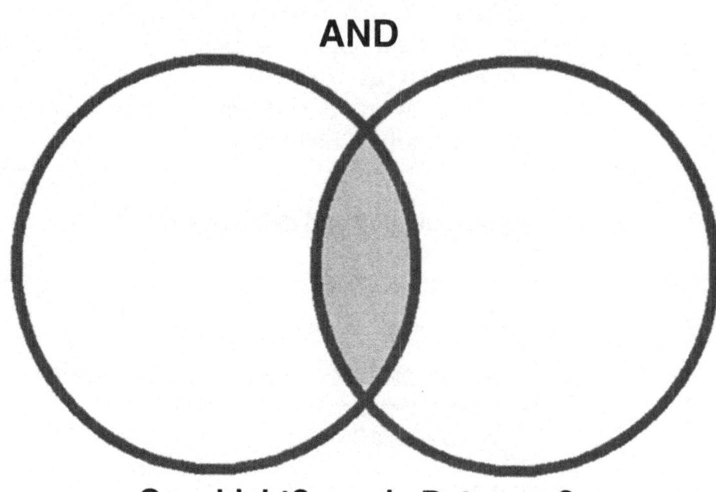

Bild 11-8: Die Booleschen Operatoren

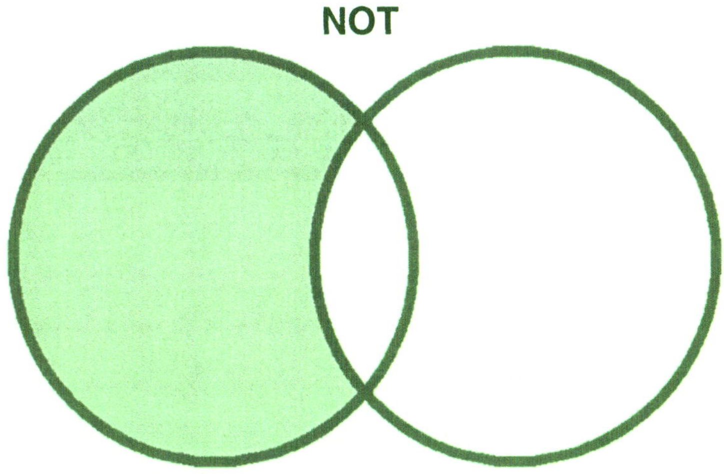

Geschicht? not Datenver?

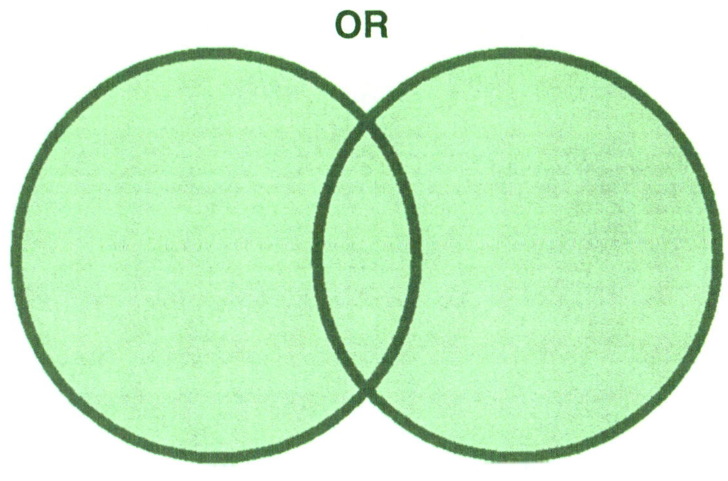

Geschicht? or Datenver?

```
(...)

2.00/000006
AU: Dotterweich, Dolores; Gebhardt, Friedrich
TI: Sammlungen zur Geschichte der Datenverarbeitung

2.00/000007
AU: Güttler, Markus
TI: Die Datenverarbeitung im statistischen Informationssystem der DDR
ST: ein Beitrag zur deutschen Vereinigung und zur Geschichte der Informatik

2.00/000008
AU: Güttler, Markus
TI: Die Datenverarbeitung im statistischen Informationssystem der DDR
ST: ein Beitrag zur deutschen Vereinigung und zur Geschichte der Informatik

2.00/000009
AU: Güttler, Markus
TI: Die Datenverarbeitung im statistischen Informationssystem der DDR
ST: ein Beitrag zur deutschen Vereinigung und zur Geschichte der Informatik

2.00/000010
AU: Kaufhold, Karl H. (Hrsg.)
TI: Geschichtswissenschaft und elektronische Datenverarbeitung

(...)
```

Bei der 2. Suche ändern wir die Trankierung der Wörter. Da mit dem Suchwort „Geschichte?“ Begriffe wie z.B. Geschichtswissenschaft ausgeschlossen werden, suchen wir nach den Begriffen „Geschicht...“ und „Datenver...“.

Die Trefferquote hat sich durch die Veränderung der Trankierung mit 23 fast verdoppelt. In diesen 23 Titeln sind nun die 12 der ersten Suche und 11 neue Titel enthalten.

Da wir zunächst nicht alle Datenfelder sehen, sondern uns nur einen kurzen Überblick verschaffen wollen, lassen wir lediglich die Felder Autor (AU), Titel (TI) und Untertitel (ST) anzeigen. Mit „show=F“, „F“ steht für Format, können wir die

Ausgabe auf bestimmte Datenfelder beschränken („sh F=AU;TI;ST").

Mit der Kombination „Geschichtswissenschaft" und „Comput..." kommen wir zu keinem Ergebnis („Number of Hits is 0"). Und die Verbindung von „Geschichtswissenschaft" und „Datenverarb..." führen zu den beiden Titeln, die auch bei der 2. Suche bereits gefunden wurden.

```
? f geschichtswissenschaft and comput?

3.00 NUMBER OF HITS IS 0
? f geschichtswissenschaft and datenverarb?

4.00 NUMBER OF HITS IS 2
? show

4.00/000001 DBI-LINK: - Verbundkatalog 94 /COPYRIGHT DBI
AU: Kaufhold, Karl H. (Hrsg.)
TI: Geschichtswissenschaft und elektronische Datenverarbeitung
   KO: 347 S. : graph. Darst., Kt.
PY: 1988   PP: Stuttgart   PU: Steiner-Verl. Wiesbaden
SE: Beiträge zur Wirtschafts- und Sozialgeschichte; 36
SN: 3-515-05286-0
MORE
```

Mit „show" lassen wir uns alle Datenfelder ausgeben, am Ende des Datensatzes erscheinen die Bibliothessigel und die jeweiligen Signaturen.

„Ham 18" steht für die Staats- und Universitätsbibliothek Hamburg; zwei Exemplare („002 Exe") des Buches sind hier unter der Signatur F Hist 012/4 verzeichnet. Mit dem Befehl „stop" beenden wir die Verbindung mit DBI-LINK und kehren zur Datex-P-PAD zurück.

```
4.00/000002
AU: Jarausch, Konrad H.; Arminger, Gerhard; Thaller, Manfred
TI:  Quantitative Methoden in der Geschichtswissenschaft
ST: eine Einführung in die Forschung, Datenverarbeitung und Statistik
  KO: X, 211 S.
PY: 1985   PP: Darmstadt   PU: Wissenschaftl. Buchges.
SE: Die Geschichtswissenschaft
SN: 3-534-09163-9
MORE
(...)
BAY: 355       : Sign.: 00/NB 2800 J37 (00) EXE:002
BAY: 384       : Sign.: 50/NB 2800 J37 (50) EXE:2
BAY: 473       : Sign.: 55/NB 2800 DT 2193 (55) EXE:002
BAY: 703       : Sign.: 104/NB 2800 J37 (104) EXE:002
BAY: 739       : Sign.: 50/NB 2800 J37 (50)
BAY: 824       : Sign.: 50/NB 2800 J37 Q1 (50)
BER: 1a        : Sign.: 712 045
HAM: 18        : Sign.: F Hist 012/4 EXE:002
HAM: 46        : Sign.: a hil 006.35/205 = h hil 006.35/205a ; km. d

***END OF SHOW***
? stop
QUERY : 0DBILINK/0001/    /VK94   DATE : 04.11.95   TIME : 14:14:00

DATEX-P: Ausloesung - Anforderung durch Gegenstelle

DATEX-P: 44 4000 49151
```

11.5 Der Pica OPAC der Universitätsbibliothek der Bundeswehr

Von der Handhabung her besteht kein Unterschied, ob wir einen Online-Bibliothekskatalog per Datennetz oder über einen der Terminals im Bibliotheksgebäude benutzen. Das Benutzermenü, mit dem wir es zu tun bekommen, ist dasselbe.

Online Bibliothekskataloge werden im Fachjargon als OPAC („Online Public Access Catalogue") bezeichnet; einer der OPACs in der Bundesrepublik ist der Katalog der Universitätsbibliothek der Bundeswehr in Hamburg. Es handelt sich um einen Pica OPAC; PICA (**P**roject for **I**ntegrated **C**atalogue **A**utomation) ist eine Software, die für Verbundkatalogsysteme zunächst in den Niederlanden entwickelt worden ist. Mittlerweile ist das Programm auch in zahlreichen Bibliotheken und Verbundsystemen in der Bundesrepublik im Einsatz.

Den Katalog der Bundeswehruniversität kann man per Internet (opac.unibw-hamburg.de) erreichen. Nachdem wir die Verbindung zum Universitätsrechner hergestellt haben, erhalten wir mit dem öffentlichen login „opc" Zugang zum Katalog.

```
UB der Univ. der Bundeswehr Hamburg                                  Suchen
                                                             Neue Suchaktion

Sie koennen suchen:

 1 TIT Titelstichwoerter
 2 TAF Titelanfaenge
 3 PER Personennamen
 4 KOR Koerperschaften und Kongresse
 5 SER Serienstichwoerter
 6 BKL Basisklassifikation (im Aufbau)
 7 NUM Nummcrn (ISBN usw.)
 8 SGN Signaturen

Geben Sie eine Nummer ein. Druecken Sie danach ENTER.
                                                  Mehr Info? Eingabe: ?
Eingabe: 1

?= Hilfe          B= Bestandsauswahl     F= Finden/Suchon  UND= Eingrenzen
STP= Ende         W= Wuensche            K= Kurzanzeige    ODER= Erweitern
M=Mehr Kommandos SC=Index scannen R=Review                 X=Bestandsauswahl
```

Zunächst erhalten wir einige Bildschirmseiten mit Informationen über das Bibliothekssystem; durch Eingabe von [↵] (ENTER) erreichen wir schließlich das Katalogmenü.

11.5.1 Das Katalogmenü

Das Katalogmenü bietet acht verschiedene Möglichkeiten der Suche an. Nach dem Titel kann unter Punkt 1 („TIT Titelstichwoerter") und Punkt 2 („TAF Titelanfaenge" gesucht weren. Nach Autoren unter Punkt 3 („PER Personennamen"), nach Körperschaften unter Punkt 4 („KOR Koerperschaften und Kongresse"), nach Zeitschriften unter Punkt 5 („SER Serienstichwoerter"), nach Buch- und Zeitschriftennummern (ISBN, ISSN) unter Punkt 7 („NUM Nummern") und nach Signaturen unter Punkt 8 („SGN Signaturen"). Ein Schlagwortkatalog („BKL Basisklassifikation") befindet sich im Aufbau.

11.5.2 Eine Suche nach Titelstichwoertern

```
UB der Univ. der Bundeswehr Hamburg                Suchbegriffe eingeben
                                                      Neue Suchaktion

TIT  TITELSTICHWOERTER
Geben Sie maximal 4 Woerter - getrennt durch je eine Leerstelle - ein.
Das System sucht nach Publikationen, in deren Titel ALLE eingegebenen
Woerter vorkommen.
Beachten Sie z.B. Schreibvarianten, Einzahl/Mehrzahl, Genitiv usw.
Lassen Sie im Zweifelsfall das Ende einzelner Woerter mit Hilfe des ? offen.

Beispiele:   ansichten clowns    /    betriebl? rechnungswesen
                 bgb             /    buergerliches gesetzbuch
             energ? (fuer energetisch, energie, energy, energia usw.)


Geben Sie Suchbegriff(e) ein. Druecken Sie danach ENTER.
                                                 Mehr Info? Eingabe: ?
Eingabe: INTERNET

?= Hilfe                                         F= Finden/Suchen
M= Mehr Kommandos                                X= Voriger Schirm
```

Wir beginnen die Suche durch Eingabe von „1" im Menü „Titelstichwoerter". Gesucht werden Titel zum Internet. Groß- oder Kleinschreibung werden hier nicht unterschieden.

Die Suche ergibt 41 Treffer. In 41 Titeln kommt das Wort „Internet" vor. Die Titel werden in Kurzform aufgelistet, durch Eingabe der Nummer links davor kann man sich den kompletten Datensatz anzeigen lassen.

```
UB der Univ. der Bundeswehr Hamburg                          Kurzanzeige
Arbeitsset : 41 Treffer
                                              Seite 1 / 5

  1  Erste-Hilfe-Kasten Internet : die u / Golla, Andre       Sybex-Ve 1995
  2  Internet-Server : Einrichten und Ve / Liu, Cricket 1. Au O'Reilly 1995
  3  The Web empowerment book : an intro / Abraham, Ral       Springer 1995
  4  Das Internet : der groesste Informa / Klau, Peter  1. Au IWT-Verl 1995
  5  Per OS/2 Warp in Internet & Co : [m / Salomon, Nor 1. Au Data Bec 1995
  6  Diskette: Internet Chameleon fuer W                               1995
  7  Die Welt des Internet : Handbuch &  / Krol, Ed     1. Au O'Reilly 1995
  8  Das Internet-Adressbuch             / Klau, Peter       IWT Verl 1995
  9  Internet fuer Windows, DOS und UNIX / Steenweg, He       Bonn: Ad 1995
 10  Internet fuer Anfaenger : [gegen de / Levine, John 2., u IWT-Verl 1995
                                                                      >>
Die Suchaktion hat 41 Treffer ergeben.
Vollanzeige? Geben Sie eine Nummer ein. Druecken Sie danach ENTER.
Folgende Seite?  Druecken Sie ENTER.              Mehr Info? Eingabe: ?

Eingabe: und

?= Hilfe                         F= Finden/Suchen   UND= Eingrenzen
STP= Ende         SP= Speichern      Z= Zurueck        ODER= Erweitern
M=Mehr Kommandos SC=Index scannen R=Review            X=Finden/Suchen
```

Wir haben an diesem Punkt die Möglichkeit, die Suche durch Eingabe von „und" mit weiteren Kriterien einzuschränken oder uns alle Titel nacheinander anzusehen.

11.5.3 Die Suche eingrenzen

Durch Eingabe von „und“ erscheint zunächst ein neuer Bildschirm („Suchen - Set verkleinern“), in dem wir Kriterien für eine Eingrenzung auswählen können.

```
UB der Univ. der Bundeswehr Hamburg                          Suchen
Arbeitsset : 41 Treffer                               Set verkleinern

Sie koennen die Anzahl der Treffer verkleinern mit:

 1 TIT Titelstichwoerter              9 ERJ Erscheinungsjahr
 2 TAF Titelanfaenge                 10 DOK Dokumenttyp
 3 PER Personennamen                 11 GEO Laendercode
 4 KOR Koerperschaften und Kongresse
 5 SER Serienstichwoerter
 6 BKL Basisklassifikation (im Aufbau)
 7 NUM Nummern (ISBN usw.)
 8 SGN Signaturen

Geben Sie eine Nummer ein. Druecken Sie danach ENTER.
                                              Mehr Info? Eingabe: ?
Eingabe: 3

?= Hilfe       B= Bestandsauswahl F= Finden/Suchen   UND= Eingrenzen
STP= Ende        W= Wuensche       K= Kurzanzeige     ODER= Erweitern
M=Mehr Kommandos SC=Index scannen R=Review           X=Bestandsauswahl
```

Die Menge von 41 Titeln („Arbeitsset: 41 Treffer“) kann durch Kriterien wie Jahreszahl („ERJ Erscheinungsjahr“), Dokumentenart („DOK Dokumenttyp“) u.ä eingeschränkt werden.

Wir wählen Punktt „3“ („PER Personenamen“), und verknüpfen den ersten Rechercheschritt („Internet“) mit dem Autorennamen „Krol“. Die Zahl der Treffer verkleinert siich auf 2.

Angezeigt wird das Buch von Ed Krol; einmal in der englischen Originalfassung („The Whole Internet User´s Guide“) und einmal in der deutschen Übersetzung („Die Welt des Internet“) jeweils in Kurzfassung.

Durch Eingabe der vorangestellten Nummer („2") erhalten wir den vollständigen Datensatz.

```
UB der Univ. der Bundeswehr Hamburg                    Kurzanzeige
Arbeitsset : 2 Treffer
                                     Seite 1 / 1

  1  Die Welt des Internet : Handbuch &  / Krol, Ed    1. Au O'Reilly 1995
  2  The whole internet : user's guide & / Krol, Ed    1. ed O'Reilly 1993

Die Suchaktion hat 2 Treffer ergeben.
Vollanzeige? Geben Sie eine Nummer ein. Druecken Sie danach ENTER.
                                              Mehr Info? Eingabe: ?

Eingabe: 2

?= Hilfe                    F= Finden/Suchen          UND= Eingrenzen
STP= Ende      SP= Speichern      Z= Zurueck          ODER= Erweitern
M=Mehr Kommandos SC=Index scannen R=Review            X=Suchen/Finden
```

```
UB der Univ. der Bundeswehr Hamburg                         Vollanzeige
Arbeitsset : 2 Treffer                                        Nummer 2
                                     Seite 1 / 1

The whole internet : user's guide & catalog / Ed Krol. - 1. ed., [4.] minor
corr. - Sebastopol, Cal. : O'Reilly, 1993. - XXIV, 376 S. : Ill.
ISBN 1-565-92025-2
ESW : Internet

1  Signatur: HB:BWL 886.5:Y0007

Buch bestellen/vormerken? Eingabe: L  Nr. vor Signatur  ENTER
```

Durch Eingabe von „STP" wird schließlich die Verbindung mit dem Online-Katalog beendet.

11.6 Business Database Plus

Business Database Plus gehört mit Magazine Database Plus und Computer Database Plus zu einer Gruppe von Datenbanken des Ziff-Davis Verlages, die bei CompuServe zur Verfügung stehen. Die Datenbanken beinhalten die Artikel einiger hundert Zeitschriften zum größten Teil im Volltext. Die Art des Retrivals ist bei allen 3 Datenbanken ähnlich.

Business Database Plus beinhaltet Artikel aus rd. 1.400 Wirtschafts- und Finanzzeitschriften, aufgeteilt ist die Datenbank in 2 Teile, in Business and Trade Journals (mit ca. 800 Zeitschriften) und Industry Newsletters (mit ca. 600 Zeitschriften).

```
Business Database Plus                                  Main Menu

                        Welcome to...

                    Business Database Plus

         Copyright 1991, 1994 Ziff Communications Company

1 Search Business and Trade Journals
  For comprehensive, in-depth, company-oriented information
  (885,021 articles; coverage: 5 years; updated Oct. 18, 1994)

2 Search Industry Newsletters
  For timely, concise, industry-oriented news and analysis
  (392,566 articles; coverage: 1 year; updated Oct. 19, 1994)

3 Exit

Enter choice (? for help) ! 1
```

Die Datenbank wird mit „GO BUSDB“ ausgewählt; zunächst erscheint ein Bildschirm, auf dem weitere Informtionen über die Datenbank abgerufen werden können, wie eine Liste der enthaltenen Zeitschriften und Hinweise zum Retrieval.

Für die Recherche stehen 2 unterschiedliche Oberflächen zur Verfügung, eine für CIM-Nutzer und eine für Terminal-Emulationen.

Der Funktionsumfang in beiden Varianten ist der gleiche, der Unterschied liegt im wesentlichen in der Oberfläche, also ob man mit der Maus arbeiten kann oder nicht. Wir wählen die Terminal-Emulation aus, und es erscheint das „Business Database Plus Main Menu". Nun gilt es zu entscheiden, in welcher der beiden Datenbankteile gesucht werden soll. „Business and Trade Journals" deckt die letzten 5 Jahre ab, während „Newsletters" 1 Jahr zurückreichen.

Durch Eingabe von 1 wählen wir die Business and Trade Journals aus. Es erscheint das „Search Methods Menu".

```
Business and Trade Journals                    Search Methods Menu

START A SEARCH for Articles

 1 Key Words (words in article titles, subject headings, or
   the names of featured persons, companies, or products)
 2 Subject Headings
 3 Company Names
 4 Publication Names
 5 Publication Dates
 6 Words in Article Text
 7 RETRIEVE an Article by Reference Number


Enter choice (? for help) ! 1

Enter key word or phrase
(? for help): europe W1 online*
```

Hier wird die Suchmethode ausgewählt, d.h. es wird festgelegt, in welchem der vorhandenen Indizes gesucht wird. Man kann nach indizierten Schlüsselwörtern (Key Words), nach zugeordneten Schlagwörtern (Subject Headings), nach

Firmennamen (Company Names), Zeitschriftennamen, (Publication Names), Datum (Publication Dates) oder Wörtern in den Artikeln (Words in Article Text) suchen.

Wer aus früheren Recherchen bereits die Referenznummer eines speziellen Artikels kennt, kann den Artikel durch Eingabe der Nummer („Retrieve an Article by Reference Number") direkt abrufen.

Wir entscheiden uns, nach Schlüsselwörtern zu suchen und wählen die Option 1 aus. Wir wollen gerne Genaueres über den neu geplanten Dienst „Europe Online" erfahren und geben bei der Suche nach Schlüsselwörtern „Europe W1 Online*" ein.

```
Searching..Business and Trade Journals                    Search Summary

Search Method    Search Expression                      Articles

Key Words        europe w1 online*                      1

Articles that match ALL the search terms above:             1

NEXT ACTION

 1 Display Article Selection Menu
 2 Narrow the Search
 3 Undo Last Search Step
 4 Start a New Search
 5 Display Charge Summary

Enter choice (? for help) ! 1
```

Eine Recherche, die Europe mit Online verknüpft, würde alles mögliche über Online-Dienste und Europa finden. Durch Eingabe des Näherungsoperators „W" (Within) wird nach dem Wortpaar „Europe" und „Online" in einer speziellen Kombination gesucht. „W1" begrenzt den Wortabstand, der zwischen Europe und Online liegen darf, auf maximal ein

Wort, und zwar nicht in beliebiger Richtung, sondern nach vorne.

Es werden also nur solche Dokumente gefunden, in denen auf „Europe" in einem Abstand von maximal einem Wort „Online*" folgt. Der Stern (*) dient hier als Trankierungszeichen für beliebig viele Zeichen. Häufig ist es so, daß Firmennamen mit speziellen Kürzeln versehen sind, die Auskunft über ihre Rechtsform u.ä geben. Um zu vermeiden, daß der Begriff nicht gefunden wird, weil möglicherweise ein Kürzel wie „S.A.", „GmbH" oder „Inc." folgt, wurde „Online" entsprechend trankiert.

Nach Eingabe der Suchbegriffe erscheint das „Search Summary Menu". Hier haben wir die Möglichkeit, die Suche weiter einzugrenzen („Narrow the Search"), den letzten Suchschritt rückgängig zu machen („Undo last search step"), eine neue Suche zu beginnen („Start a new search") oder die gefundenen Artikel anzeigen zu lassen („Display Article Selection Menu"). Da unsere Recherche lediglich 1 Artikel ergeben hat, wählen wir Punkt 1 aus.

```
Business and Trade Journals          Article Selection Menu

 1 New Euro. company offers online service. (Europe Online to launch in
   early 1995) (Brief Article), Publishers Weekly, August 29, 1994 v241 n35
   p15(1).
   Reference # A15777568  Text: Yes (105 words)  Abstract: No

Enter choice (? for help) ! down 1

Text download: 1,468 bytes.

Starting document(s) transfer (enable file receive on your computer
if necessary). Assigned file name is: BDPDOC03.TXT
```

Im „Article Selection Menu" erscheinen die vollständigen bibliographischen Angaben des Artikels. Titel („New Euro. company offers online service"), Untertitel („Europe Online to launch in early 1995"), Kategorie des Artikels („Brief Article"),

Zeitschrift („Publishers Weekly") sowie Datum, Band („V241") und Nummer („n35"). Es folgt die Referenznummer („#A 15777568"), unter der der Artikel in der Datenbank verzeichnet ist und mit der wir den Artikel direkt vom „Search Methods Menu" aus aufrufen können. Am Ende erscheint der Hinweis, daß es sich um den kompletten Text des Artikels handelt („Text: Yes (105 words)"), und daß der Datensatz kein Abstract enthält („Abstract: No").

Durch Eingabe von „Down 1" wird der Artikel auf unseren PC heruntergeladen. „Down" ist der Befehl zum Übertragen auf den eigenen Rechner („Download"), und mit „1" wird festgelegt, den ersten der aufgeführten Artikel herunterzuladen. Wenn eine Recherche eine ganze Anzahl von Artikeln erbracht hat, kann man über die Eingabe der Nummern, getrennt durch Kommata, die Artikel zur Übertragung auswählen, die man haben will. Angegeben wird schließlich der Name („BDPDOC03.TXT"), unter dem die Datei übertragen wird. Bevor die Datenübertragung beginnt, wird nach Verzeichnis, Pfad und Dateiname gefragt.

Die Gebühren für die Recherche in den Datenbanken Business Database Plus und Computer Database Plus betragen jeweils $ 0,25 pro Minute plus $1,50 pro Artikel. Bei Magazine Database Plus kostet die Suche selbst nichts nur das Anzeigen bzw. Übertragen der Artikel ($ 1,50 pro Artikel).

Tabelle 11-3: Business Database Plus - Retrieval Kommandos

Trankierungszeichen	
*	Trankierungszeichen für einen oder mehr Buchstaben
?	Trankierungszeichen für genau einen Buchstaben
Näherungsoperatoren	
Nx	Näherungsoperator; mit x wird die Anzahl der Wörter festgelegt, die in beiden Richtungen höchstens dazwischen liegen dürfen.
Wx	Näherungsoperator; mit x wird die Anzahl der Wörter festgelegt, die nach vorne höchstens folgen dürfen.

Boolesche Operatoren	
AND	und
OR	oder
NOT	aber nicht
Zur Eingrenzung des Datums	
SINCE	seit; hat denselben Effekt wie: >
AFTER	seit; hat denselben Effekt wie >
TO	von bis; hat denselben Effekt wie -
BEFORE	vorher; hat denselben Effekt wie <
Tastenkombinationen und Menübefehle	
TOP oder /T	Rückkehr zum Hauptmenü
Menu oder /M	Vorherige Menüebene
Forward	Nächster Bildschirm
Backward:	Vorherige Seite
Next	Nächster Artikel auf der Liste
Previous	Vorheriger Artikel auf der Liste
Scroll	Anzeige ohne Unterbrechung
HELP oder /?	Hilfc
EXIT /OFF /BYE /E	Ende

11.7 Historical Abstracts

Die Datenbank „Historical Abstracts" ist das elektronische Gegenstück zur gleichnamigen Publikation, die regelmäßig die weltweit erscheinende Literatur aus dem Bereich der Geschichte auswertet.

Aus 80 Ländern werden die Beiträge aus rd. 2100 Zeitschriften erfaßt; thematisch wird die Weltgeschichte von 1450 bis zur Gegenwart und räumlich die gesamte Welt außer Amerika abgedeckt. Während die unselbständige Literatur fast vollständig registriert wird, werden Monographien nur gelegentlich und sehr unsystematisch erfaßt.

```
        KNOWLEDGE INDEX(R) Main Menu

Notice: KNOWLEDGE INDEX is available for personal use only and may
be subject to additional database-specific restrictions which are
found in the online Database Descriptions.

Select one of the following options:

        1 Menu-Assisted Searching
        2 Command/Advanced Searching
        3 How to Use KNOWLEDGE INDEX
        4 Database Descriptions
        5 General Information

Copyright 1995 Knight-Ridder Information, Inc. All rights reserved.

Enter option NUMBER and press ENTER to continue.
/H = Help              /L = Logoff

? 2
```

Die Datenbank steht bei CompuServe über den Knowledge Index und bei Dialog zur Verfügung. Im vorgestellten Beispiel wird die Recherche im Knowledge Index durchgeführt.

Nachdem die Verbindung zu CompuServe hergestellt ist, erreichen wir die Datenbanken des Knowledge Index durch Eingabe von GO KI.

Wir wählen „2. Command/Advanced Searching" (Menüpunkt 2) aus, und durch Eingabe von „Begin HIST2" wird die Datenbank Historical Abstracts ausgewählt. HIST2 ist das Kürzel für die Datenbank.

```
? Begin HIST2
Now in HISTORY (HIST) Section (HIST2) Database
Historical Abstracts_1973-1994/Iss45B3
(c) 1994 ABC-CLIO

? f online
   S1     23 ONLINE
? type s1/s/all

 1/S/1
 1389381   44A-00633
STARTING RESEARCH IN MEDICAL HISTORY: PREPARING THE GROUND.

 1/S/2
 1337586   42A-08697
(REPLY),
ONLINE DATABASES FOR HISTORY

 1/S/3
 1337585   42A-08697
ONLINE DATABASES FOR HISTORY,
ONLINE DATABASES FOR HISTORY

 1/S/4
 1337584   42A-08697
ONLINE DATABASES FOR HISTORY
```

In dieser Datei wollen wir nach Artikeln suchen, die sich irgendwie mit Online-Recherchen befassen. Wir befinden uns in einer fachspezifischen Datenbank, die sich mit historischen

Fragestellungen beschäftigt; eine Kombination von History und Online o.ä. ist hier gar nicht nötig, denn die Artikel, die sich in dieser Datenbank mit „Online" beschäftigen, tun das aus irgendeinem historischen Blickwinkel heraus.

Die 1. Suche (S1) ergibt 23 Treffer, die wir uns alle (all) in Kurzform (S) anzeigen lassen („type s1/a/all"). Der Befehl „type" bewirkt, daß alle Datensätze ohne Unterbrechung ausgegeben werden.

Die Recherche wird vom Kommunikationsprogramm mitprotokolliert; nach der Recherche wird die Verbindung zum Host zunächst beendet, und dann wird anhand der Artikelüberschriften entschieden, welche Datensätze wir uns komplett anzeigen lassen wollen, oder ob wir eine eine zeitliche Einschränkung vornehmen wollen. Wir könnten uns z.B. alle Datensätze mit „Online" ausgeben lassen, die nach 1989 veröffentlicht worden sind, indem wir „Online" mit dem Veröffentlichungsjahr größer als 1989 („Online and PY>1989") verknüpfen.

Die Kurzform der Datensätze, die wir hier erhalten haben, besteht aus der Datensatznummer (1. Zeile links), der Angabe, in welchem Band mit welcher Nummer der Datensatz in der schriftlichen Ausgabe der Historical Abnstracts verzeichnet ist (1. Zeile rechts) und die Artikelüberschrift.

Die Datensätze, die wir komplett sehen wollen, können wir uns dann durch Eingabe des Befehls „type", gefolgt von der Datensatznummer, anzeigen lassen.

```
? Type 1275860

1275860   40A-07040
REFERENCE SERVICE, ONLINE BIBLIOGRAPHIC DATABASES, AND HISTO-
RIANS: A REVIEW OF THE LITERATURE.
 Grinell, Stuart F
 RQ 1987 27(1): 106-111.
DOCUMENT TYPE: ARTICLE
ABSTRACT: A review of the literature on online information storage and
 retrieval systems for secondary sources in the field of history is
 presented, the effect of online databases on the reference process
 discussed, and principal machine readable databases in the field of
 history introduced.  Literature on online databases in this field is
 immature, and further study of historians and their relationships to
 their online sources is necessary. (J )
 DESCRIPTORS: Historiography ; Bibliography ; Information Storage and
 Retrieval Systems -(review article) ; 20c
 HISTORICAL PERIOD: 1900H
 HISTORICAL PERIOD (Starting): 20c
 HISTORICAL PERIOD (Ending):  20c
```

Die aufgefunden Aufsätze können auch direkt online bestellt werden. Voraussetzung ist, daß man bei dem Dokumentenlieferanten ein entsprechendes Konto eröffnet hat. Durch den Befehl „Keep“ wird ein Datensatz für die Bestellung einer Fotokopie markiert, und durch die Eingabe von „order ki“ werden alle mit „keep“ markierten Datensätze zu einer Bestellung zusammengefaßt.

```
? keep 1275860
    S0      1 1275860

? order ki
************************************************************************
* Knowledge Index has a new document supplier, Article Express
* International.  If you do not have an AEI account number, please
* enter your telephone number and CompuServe mail number when prompted.
* You will be contacted by AEI.
************************************************************************
Please enter your name
?
? Peter Horvath
PETER HORVATH, Is this information correct? (Yes/No/Quit)
?
? y
Please enter your AEI order account number.
If you do not have an order account number, press ENTER.
If you want more information about ordering documents, enter HELP.
If you want to exit out of the ORDER command, enter QUIT.
?
? H088
HO88, Is this information correct? (Yes/No/Quit)
? y

Order RB100
AN- <DIALOG> 1275860 AN- <AHL> 40A-07040I
TI- REFERENCE SERVICE, ONLINE BIBLIOGRAPHIC DATABASES, AND HI-
STORIANS: A    REVIEW OF THE LITERATURE.I
Order RB100 confirmed

? logout
```

In diesem Fall dauerte es rd. 4 Wochen, bis die Kopie des Artikels aus den USA eintraf; die Kosten betrugen einschließlich Versand $14.55.

11.8 Die Zeitschriftendatenbank

Die Zeitschriftendatenbank (ZDB), die bei DBI-LINK online zur Verfügung steht, verzeichnet die Zeitschriftenbestände aller leihverkehrsrelevanten Bibliotheken der Bundesrepublik.

Die Datenbank beinhaltet den oder die Namen einer Zeitschrift, wo und seit wann sie erscheint bzw. erschienen ist. Man erfährt ,in welchen Bibliotheken sich eine Zeitschrift befindet (einschließlich der Signatur), und man hat die Möglichkeit, Aufsatzkopien bei rd. 10 angeschlossenen Bibliotheken, sog. Document-Supplier, zu bestellen.

Von einem Zeitschriftensaufsatz kann man hier dann eine Kopie online bestellen, wenn eine dieser Supplier-Bibliotheken die entsprechende Zeitschrift in ihren Beständen hat. Wenn nicht, muß man den Aufsatz über den normalen Leihverkehr bestellen.

Die Nutzung der Datenbank kostet 40,- DM pro Stunde, die Kopien kosten zwischen 7,- und 50,- DM; bevor man die Datenbank nutzen und Dokumente bestellen kann, muß eine entsprechende Vereinbarung mit dem Host DBI-LINK abgeschlossen werden.

Wir suchen zunächst nach der Zeitschrift „Gewerkschaftliche Monatshefte". Die Suche wird auf das Titelfeld „JT (Journal Title)" begrenzt. Die Eingabe des Leerzeichens zwischen „gewerkschaftliche" und „monatshefte" hat die Funktion eines Näherungsoperators, d.h. es werden nur Datensätze gefunden, in denen im Feld „JT" die beiden Begriffe unmittelbar aufeinander folgen.

Den gefundenen Datensatz („Number of Hits is 1") lassen wir uns mit „show" anzeigen. „Show" ohne Zusatz bewirkt, daß der vollständige Datensatz mit den entsprechenden Bibliotheksangaben ausgegeben wird. In dem Beispiel sind nicht alle Bibliotheken aufgeführt.

```
? f jt=gewerkschaftliche monatshefte

2.00 NUMBER OF HITS IS 1
? show

2.00/000001 DBI-LINK: -ZDB Zeitschriftendatenbank /COPYRIGHT DBI/SBPK
JT: Gewerkschaftliche Monatshefte
ST: GMH ; Zeitschr. fnr soziale Theorie u. Praxis
PP: Köln-Deutz
PU: Bund-Verl.
PD: 1.1950 -
SS: 0016-9447

MORE
BAW: 208      1.1950 - : SIGN.: St 14815
BAW: 212      2.1951 - (N=7-8;10-11; L=2-6;9;13;27) : SIGN.: Z - D 596
BAW: 289      31.1980 - : SIGN.: 5399 / P
BAW: 291      3.1952 - : SIGN.: Z 57-10
BAW: 352      1.1950 - : SIGN.: swa 2/g 42
BAW: 386      25.1974; 27.1976 - : SIGN.: ZBL Z 3355
BAW: 752      22.1971 - : SIGN.:
BAW: 753      3.1952 - (L=30-31;33) : SIGN.: Zs 29
BAW: Frei 26  1.1950 - (L=26-27) : SIGN.:
BAW: Ka 85    31.1980 - : SIGN.: Z 1677
BAW: Lg 1     15.1964 - 32.1981 : SIGN.:
BAW: Mar 1    21.1970,3 : SIGN.: X
BAW: Sa 3     lfd. Jg. : SIGN.:
MORE
(...)
-----------------------------------------
***END OF SHOW***
```

Der Datensatz enthält die Datenfelder Titel (TI), Untertitel (UT), Erscheinungsort (PP), Verlag (PU), Erscheinungsverlauf (PD), ISS-Nummer (SS) und die Bibliothekssigel der einzelnen Bibliotheken. "BAW" steht für die Leihverkehrsregion, in diesem Falle Baden-Württemberg, "BAW 352" ist die Universitätsbibliothek Konstanz. Welche Bibliothek hinter welchem Sigel steckt, erfährt man mit dem Befehl "INFO" oder dem nachgestellten "?", also mit "Info 352 oder "352?".

Die Universitätsbibliothek Konstanz gehört zu den Dokumentenlieferanten, d.h. wir können den Aufsatz aus den Gewerkschaftlichen Monatsheften, den wir haben wollen, direkt online bestellen.

Der Bestellvorgang wird eingeleitet durch „order". Automatisch wird der letzte aufgefundene Datensatz in die Bestellung übernommen, und alle Supplier Bibliotheken, die diese Zeitschrift in ihrem Bestand haben, werden angezeigt.

```
? order

SELECTING FOR RECORD = 1
001:291  3.1952 - : SIGN.: Z 57-10
002:352  1.1950 - : SIGN.: swa 2/g 42
003:1  26.1975 - 41.1990 (Früheres unter der Signatur: 5 Per 556) :
            SIGN.: +4/+29 PA 3808
004:1A  8.1957,7 - : SIGN.: Zsn 11098 / Sonderstandort, letzter Jg.: HB 8 St 80
005:206  1.1950 - : SIGN.: XX 739 / a
006:206  7.1956,Juli - 12.1961 (2.Ex.) : SIGN.: XX 2717
007:206  - Sonderdr. zu 1972 : SIGN.: XX 739
008:BO133  1.1950 - : SIGN.: X 1085
PLEASE SELECT BY NUMBER IN DESIRED SEQUENCE:
 002

PLEASE ENTER THE RESPECTIVE LIBRARY IDENTIFICATION
SUPPLIER     SUPPLIER USER IDENTIFICATION
352 IVS02842

352

LABEL FOR ADDRESS=NO
UNTIL          =11.07.95
URGENT         =NO
FORMAT         =HARDCOPY
REMARK         =
```

Aus der Liste der Supplier gilt es jetzt, die Bibliothek auszuwählen, die den entsprechenden Jahrgang der Zeitschrift in ihrem Bestand hat. Durch Eingabe von „02" wird die Bibliothek mit dem Sigel 352 ausgewählt, sie hat die Zeitschrift ab 1/1951 in ihrem Bestand. Wir bestätigen diese Auswahl nochmal durch Eingabe des Bibliothekssigels „352".

Dann haben wir die Möglichkeiten, die Art der Bestellung zu spezifizieren, wir können zwischen Normal- und Eilbestellung wählen, und wir haben die Möglichkeit, den Aufsatz entweder als Kopie per Post oder als Fax zu erhalten. Wir könnten hier eine spezielle Lieferadresse angeben, für den Fall, daß wir den Aufsatz nicht an die bei DBI-LINK registrierte Adresse geschickt haben möchten. Wenn hier keine Angaben gemacht werden, wird die Normalbestellung (Kopie per Post) an die registrierte Adresse geschickt. Spezielle Bemerkungen, die möglichwerweise für die Bestellung wichtig sind, können unter „Remarks" eingetragen werden.

```
PROMPTING FOR RECORD = 1
AU        =
 Kuhlen, R.
TI        =
 Information in der informierten Gesellschaft
VOL       =
38 (1987)
PAGE      =
S.337-352

ORDER=1 PROCESSED; QN=1
```

Schließlich müssen wir die korrekten bibliographischen Angaben des Aufsatzes, den wir haben wollen, eingeben: Autor, Titel, Jahrgang/Band/Nummer und Seitenzahl.

In diesem konkreten Fall war die Aufsatzkopie nach 2 Tagen da, die Gebühren betrugen einschließlich Versand (Post) 15,-DM.

11.9 Standard & Poor's Corporate Descriptions plus News und Daily News

Die Datenbanken von Standard & Poor' s verzeichnen Informationen über die großen amerikanischen Unternehmen. "Standard & Poor' s Corporate Descriptions plus News" gibt Informationen über den Geschäftsverlauf von rd. 12.000 Publikumsgesellschaften, und "Standard & Poor' s Daily News" verzeichnet aktuelle Firmennachrichten; beide sind Bestandteil des Knowledge Index.

Die Datenbanken wurden ausgewählt, um Informationen über drei der großen Unternehmen der Online-Informationsindustrie zu erhalten, die Firma H&R Block, ihr gehört der Online-Dienst CompuServe, die Firma Knight-Ridder, sie besitzt die Hosts Data-Star und Dialog und den Online-Dienst America Online.

11.9.1 Standard & Poor's Corporate Descriptions plus News

Wir beginnen die Recherche in der Datenbank "Standard and Poor' s Corporate Descriptions plus News" ("begin corp3"), um Informationen über die drei Firmen, ihre Beteiligungen, Beschäftigte, Umsätze etc. zu erhalten.

Da nicht klar ist, wie nach der Firma "Block" zu suchen ist, sehen wir mit dem Befehl "Expand" zunächst im Index der Datenbank nach. Mit „expand co=“ sehen wir uns den Firmennamen-Index an („expand co=block?“).

Einträge der anderen Indizes kann man sich durch Eingabe von „expand“ plus Datenfeldkürzel und Wort anzeigen lassen. Einträge des Basisindex erhält man durch Eingabe von „expand“ ohne Kürzel.

```
? begin corp3
Now in CORPORATE NEWS (CORP) Section (CORP3) Database
S&P`s Corp.Descriptions + News_1995/Nov B1
(c) 1995 McGraw-Hill, Inc.
? expand co=block

Ref  Items  Index-term
E1      1  CO=BLISS & LAUGHLIN INDUSTRIES INC.
E2      1  CO=BLOC DEVELOPMENT CORP.
E3      0  CO=BLOCK
E4      1  CO=BLOCK (H & R), INC.
E5      1  CO=BLOCK DRUG CO., INC.
E6      1  CO=BLOCKBUSTER ENTERTAINMENT CORP.
E7      1  CO=BLONDER TONGUE LABORATORIES INC.
E8      1  CO=BLOUNT INTL. INC.
E9      1  CO=BLOUNT, INC.
E10     1  CO=BLUE BIRD BODY CO.
E11     1  CO=BLUE BIRD CORP.
E12     1  CO=BLUE CHIP COMPUTERWARE, INC.

           For more, enter PAGE
```

Mit dem Befehl "Find CO=" schränken wir die Suche auf das Datenfeld "Firmennamen" (CO: Corporation) ein. Der gefundene Datensatz der 1. Suche (S1) wird im Format "L" ausgegeben („type s1/l/all); weil er einige Seiten umfaßt, ist er hier gekürzt wiedergegeben.

```
? find  co=block (H & R)?
   S1     1  CO=BLOCK (H & R)?

? type s1/l/all

 1/L/1
DIALOG(R)File 133:S&P`s Corp.Descriptions + News
(c) 1995 McGraw-Hill, Inc. All rts. reserv.

00000905
Block (H & R), Inc.
```

4410 Main St.
Kansas City, MO 64111
USA
TELEPHONE: 816-753-6900
TYPE OF COMPANY: Industrial
CUSIP: 093671
THIS IS AN SP 500 COMPANY.
STOCK TICKER: HRB
PRIMARY STOCK EXCHANGE: NYS (New York Stock Exchange)

EMPLOYEES: 3400
SHAREHOLDERS: 35485
INCORPORATION YEAR: 1946
INCORPORATION LOCATION: MO

PRIMARY SIC CODE:
7291 Tax return preparation services

SECONDARY SIC CODE(S):
7372 Prepackaged software
7375 Information retrieval services
8299 Schools & educational services, not elsewhere classified

RECENT NEWS

NEWS TABLE OF CONTENTS-

DATE TITLE
--------- --
04 Oct 95 CompuServe Plans to Offer New Internet Service
31 Aug 95 Annual Report
28 Aug 95 Interim Consol. Earns.: July '95
01 Aug 95 Names New President and Chief Executive Officer
10 Jul 95 Completes Sale of MECA Software Inc.
21 Jun 95 Fourth Quarter and Annual Earns.: April '95
21 Jun 95 Increases Quarterly Dividend
10 May 95 Agrees to Sell MECA Software Inc. Business to Two Major Banks
12 Apr 95 Seeks New President and Chief Executive Officer
15 Mar 95 Subsidiary Signs Agreement to Acquire Spry Inc., Sees
Fiscal 1995 Fourth Quarter Charge
01 Mar 95 Interim Consol. Earns.: Jan. '95

23 Nov 94 Interim Consol. Earns.: Oct. '94
26 Aug 94 Interim Consol. Earns.: July '94

CAPITALIZATION (Apr. 30 '94)
LONG TERM DEBT- None.
STOCK OUTSTANDING- Auth. Shs. Outstg. Shs.
Common no par..............................*200,000,000 106,149,094
*Incl. 3,538,341 optioned to employees, with 18,417,233 for future grants.
@Excl. 2,823,605 in treas.

CORPORATE BACKGROUND

BUSINESS DESCRIPTION-
Company provides income tax return preparation services and electronic filing services worldwide and refund discounting services in Canada. Apr. 15, 1994, there were 9,577 H & R Block offices in operation mainly in 50 states, D.C., Canada, Australia and Europe, of which 4,537 were operated by Co. and 5,040 operated by franchisees.
Company also markets its knowledge of how to prepare income tax returns thru its income tax training schools; and provides computer-based information and communications services to business and individual owners of personal computers.
Tax services provided 61.1% of revenues for fiscal 1994 (68.3% in fiscal 1993), computer services 34.8% (29.3%), financial services 3.4% (2.4%) and other 0.7% (nil).
PARTNERSHIP- wholly owned- H & R Block and Associates, L.P.
EMPLOYEES- Apr. 30, 1994, 3,400.

NET CAPITAL EXPENDITURES, Yrs. End. Apr. 30: Thou. $
1994............83,744 1993............71,921 1992............55,789

SUBSIDIARIES- wholly owned-
H & R Block Group, Inc.
Block Financial Corp.
Franchise Partner, Inc.
Companion Financial Corp.
Companion Insurance, Ltd.
HRB Management, Inc.
Access Technology, Inc.
PM Industries, Inc.

H & R Block Tax Services, Inc.
H & R Block of Dallas, Inc.
HRB Partners, Inc.
HRB Royalty, Inc.
BWA Advertising, Inc.
BFC Investment, Inc.
MECA Software, Inc.
Legal Knowledge Systems, Inc.
Live Free or Die Software, Ltd.
Great American Software, Inc.
Capitol Software, Inc.
CompuServe Inc.
CompuPlex Inc.
Block Investment Corp.

Company also has numerous other subsidiaries with H&R Block and CompuServe, in their titles.

INCORPORATED in Mo. July 27, 1955, as successor to a business founded in 1946.

Oct. 28, 1988, acquired all shares of Access Technology Inc. for 2,164,544 shs. of Co.'s Com.

Jan. 22, 1991, acquired all shares of Interim Systems Corp., a provider of personnel on a temporary basis, for $49,465,000 in cash.

Nov. 24, 1993, acquired MECA Software, Inc. for $45,384,000. MECA develops, publishes and markets personal productivity software products designed to assist individuals in managing personal finances and in preparing their income tax returns.

(...)

Tabelle 11-4: Datenfelder von Standard & Poor's Corporate Descriptions plus News

CO:	Firmenname
PC:	Primäre SIC Code
SC:	Sekundärer SIC Code
ST:	Bundesstaat
TS:	Ticker Symbol
IB:	Bruttoeinnahmen
NI:	Nettoeinnahmen
SA:	Einnahmen nach Steuern

Danach suchen wir nach der Firma Knight-Ridder ("f co= knight-ridder?"); das „f" ist die Abkürzung von „find", und das Fragezeichen dient der Trankierung, um nachgestellte Bezeichnungen wie "corp.", "inc." u.ä. einzubeziehen. Den gefundenen Datensatz lassen wir uns mit "t", der Kurzform von „type" im Format "L" ausgeben. "S2" steht für die 2. Suche (Search 2) Auch hier ist nur ein Teil des kompletten Datensatzes abgedruckt.

```
? f co=knight-ridder?
   S2     1 CO=KNIGHT-RIDDER?
? t s2/l/all

 2/L/1
DIALOG(R)File 133:S&P's Corp.Descriptions + News
(c) 1995 McGraw-Hill, Inc. All rts. reserv.

00009271
Knight-Ridder, Inc.
One Herald Plaza
Miami, FL 33132-1693
USA
TELEPHONE: 305-376-3800
TYPE OF COMPANY: Industrial
CUSIP: 499040
THIS IS AN SP 500 COMPANY.
STOCK TICKER: KRI
PRIMARY STOCK EXCHANGE: NYS (New York Stock Exchange)

S&P NON-CONVERTIBLE BOND RATING(S): AA-
(See BOND DESCRIPTIONS for details and RECENT NEWS for possible bond
rating changes.)
EMPLOYEES:      21000
SHAREHOLDERS:     10727

INCORPORATION YEAR:   1915
INCORPORATION LOCATION:  FL
```

PRIMARY SIC CODE:
2711 Newspapers; publishing, or publishing and printing

SECONDARY SIC CODE(S):
4822 Telegraph & other message communications
4833 Television broadcasting stations
4841 Cable and other pay TV services
7375 Information retrieval services

RECENT NEWS

NEWS TABLE OF CONTENTS-

DATE TITLE
--------- ---
01 Nov 95 Completes Acquisition of Lesher Communications Inc.
19 Oct 95 Interim Consol. Earns.: Sept. '95
04 Oct 95 Expects Employee Strike to Negatively Affect 1995 Third Quarter Earnings
25 Sep 95 Elects Director
29 Aug 95 Agrees to Buy Business of Lesher Communications Inc.
14 Aug 95 Unit Agrees to Make Minority Investment in Teltech Resource Network Corp.
09 Aug 95 Unit Plans to Acquire The CARL Corp. and The UnCover Co.
21 Jul 95 Names Chairman, President
18 Jul 95 Interim Consol. Earns.: June '95
26 Jun 95 Chairman Dies
23 Jun 95 Elects Director
23 Jun 95 Board Okays Common Share Repurchase Plan
20 Apr 95 Interim Consol. Earns.: Mar. '95

CAPITALIZATION (Dec. 25 '94)

LONG TERM DEBT- $414,900,000, incl. $160,000,000 8 1/2% Notes, due Sept. 1, 2001 (S&P Rating AA-; at Feb. 28, 1995), and $200,000,000 9 7/8% Debs., due Apr. 15, 2009 (S&P Rating AA-; at Feb. 28, 1995).
REVOLVING CREDIT AGREEMENT provided up to $500,000,000 at Dec. 25, 1994.

STOCK OUTSTANDING-	Auth. Shs.	Outstg. Shs.
Preference $1 par..........................	20,000,000	None
Common $0.02 1/12 par....................	*250,000,000	52,892,720

*Incl. 4,323,362 optioned to employees, with 2,855,468 for future grants; and 1,430,966 for employee stk. purchase plan.

CORPORATE BACKGROUND

BUSINESS DESCRIPTION-
Company, at Dec. 25, 1994, published 28 daily newspapers and 3 non-daily newspapers. Other activities include business news and information services, electronic retrieval services, graphics and photo services, cable television and newsprint manufacturing.
Newspaper operations are conducted at publishing facilities (virtually all owned) in 26 cities in 16 states.
PARTNERSHIPS- % owned- Detroit Newspaper Agency (50%); Southeast Paper Manufacturing Co. (33 1/3%); TKR Cable Co. (50%); TKR Cable Partners (50%); Article Express Intl. (33.8%); Fort Wayne Newspaper Agency (55%); Ponderay Newsprint Co. (13 1/2%).
EMPLOYEES- Dec. 25, 1994, apx. 21,000.

CAPITAL EXPENDITURES, Yrs. End. apx. Dec. 31: Thou. $
1994............67,110 1993............69,541 1992...........100,993
SUBSIDIARIES- wholly owned or noted-
KR Newsprint Co.
News Publishing Co.
Fort Wayne Newspapers, Inc. (55%)
Detroit Free Press, Inc.
Miami Herald Publishing Co.
Gables Publishing Co. (The)
Boca Raton News, Inc.
San Jose Mercury News, Inc.
Silicon Valley D.A.T.A., Inc.
Beacon Journal Publishing Co.
Keynoter Publishing Co., Inc.
Knight News Services, Inc.
Knight Publishing Co.
Observer Transportation Co. (The)
Lexington Herald-Leader Co.
Macon Telegraph Publishing Co.
Drinnon, Inc.
R.W. Page Corp. (The)
Bradenton Herald, Inc. (The)
Nittany Printing & Publishing Co.
Philadelphia Newspapers, Inc.

Circom Corp.
Ridder Publications, Inc.
  KR Land Holding Corp.
Knight-Ridder Business Information Services, Inc.
  Knight-Ridder Financial, Inc.
    Commodity News Services (Int'l), Inc.
    Equinet Pty. Ltd.
      Equinet Information (New Zealand), Ltd.
  Dialog Information Services Europe, Ltd.
  Dialog Information Europe, Inc.
Aberdeen News Co.
Boulder Publishing, Inc.
Grand Forks Herald, Inc.
Northwest Publications, Inc.
Post-Tribune Publishing, Inc.
Gulf Publishing Co., Inc.
Newberry Publishing Co., Inc.
State-Record Co., Inc. (The)
Sun Publishing Co., Inc.
Twin Cities Newspaper Services, Inc.
Twin Coast Newspapers, Inc.
  P.T. Sales & Marketing, Inc.
Journal of Commerce, Inc.
  Transport Group International, Inc.
    Transax Systems Co.
Wichita Eagle & Beacon Publishing Co., Inc.
Tallahassee Democrat, Inc.
Tribune Newsprint Co.
PressLink, Inc.
Knight-Ridder Investment Co.
  Seattle Times Co.
KR Video, Inc.
Technimetrics, Inc.
  Technimetrics
Knight-Ridder Cablevision, Inc.
  KRC SNJ, Inc.
  KRC-NJFT, Inc.
  Co. has several other subsidiaries with Knight-Ridder in their titles.
  AFFILIATES- (% owned)-
Newspapers First (33 1/3%)

```
INCORPORATED in Fla. in 1976 as KRN, Inc., a wholly owned subsidiary of
Knight-Ridder Newspapers, Inc.; Aug. 31, 1976, merged parent
share-for-share and adopted latter's title. Name changed to present title
Apr. 29, 1986.
  Former parent was incorporated in Ohio in 1941 as a consolidation of the
Beacon Journal Co. and Detroit Free Press, Inc. Knight organization had its
origin in 1915. Name changed from Knight Newspapers, Inc. to present title
Nov. 30, 1974, on acquisition of all shs. of Ridder Publications, Inc.
Ridder published 17 daily newspapers in the western and midwestern U.S.
(...)
```

Schließlich suchen wir nach America Online ("f co=america online?"), dem in den letzten 2 Jahren am schnellsten gewachsenen Online-Dienst und lassen den Datensatz mit "t" im Format "L" ausgeben. Auch hier ist nur ein Teil des kompletten Datensatzes abgedruckt.

```
? f co=america online?
    S3     1  CO=AMERICA ONLINE?
? t s3/l/all

3/L/1
DIALOG(R)File 133:S&P`s Corp.Descriptions + News
(c) 1995 McGraw-Hill, Inc. All rts. reserv.

00025164
America Online Inc.
8619 Westwood Center Dr.
Vienna, VA 22182-2285
USA
TELEPHONE:  703-448-8700
TYPE OF COMPANY: Industrial
CUSIP:  02364H
STOCK TICKER:  AMER
PRIMARY STOCK EXCHANGE:  NDQ  (NASDAQ)

EMPLOYEES:         527
SHAREHOLDERS:      393
```

INCORPORATION YEAR: 1985
INCORPORATION LOCATION: DE
PRIMARY SIC CODE:
7375 Information retrieval services

SECONDARY SIC CODE(S):
7374 Computer processing and data preparation and processing services

RECENT NEWS

NEWS TABLE OF CONTENTS-

DATE	TITLE
02 Nov 95	Names New Chairman
01 Nov 95	Sets Stock Split
25 Oct 95	Extends Relationship with Capital Cities/ABC Inc.; Developing Fashion Channel
25 Sep 95	Acquires Ubique Ltd.
19 Sep 95	Registers Common
11 Aug 95	Fourth Quarter and Annual Earns.: June '95
03 Aug 95	Forms Joint Venture With M/A/R/C Inc.
27 Jun 95	Unit Signs Marketing, Technical Cooperation Pact with Hewlett-Packard
02 Jun 95	Agrees to Acquire Global Network Navigator; Plans to Offer Standalone Internet Service
23 May 95	Agrees to Acquire Multimedia and Internet Publishing and Production Companies
05 May 95	Interim Consol. Earns.: Mar. '95
04 Apr 95	Board Approves Stock Split
29 Mar 95	CMG Information Services Inc. To Sell Partial Interest
10 Feb 95	Interim Consol. Earns.: Dec. '94
04 Nov 94	Interim Consol. Earns.: Sept. '94

CAPITALIZATION (June 30 '94)

LONG TERM DEBT- $5,836,000.

STOCK OUTSTANDING-	Auth. Shs.	Outstg. Shs.
Preferred $0.01 par..........................	5,000,000	None
Common $0.01 par...........................	*20,000,000	@14,490,956

*Incl. 6,877,356 for options and warrants-- adjtd. for 2-for-1 split

```
Nov. 10, 1994.
  @Adjtd. for 2-for-1 split Nov. 10, 1994.

                CORPORATE BACKGROUND

BUSINESS DESCRIPTION-
  Company is the leading independent provider of online services to
consumers in the U.S. Co. offers subscribers a wide variety of services,
including electronic mail, conferencing, news, sports, weather, stock
quotes, software, computing support, internet access and online classes.
These services can be accessed from a range of personal computers. At June
30, 1994, Co. had more than 900,000 subscribers throughout the U.S. and
Can.
EMPLOYEES- June 30, 1994, 527.

PROPERTY- Facilities are owned in Vienna, Va. and leased in Tucson, Ariz.

INCORPORATED in Del. in May, 1985 as Quantum Computer Services, Inc.;
present title adopted in Oct., 1991.
(...)
```

Mit den Datenfeldern "IB", "NI" und "SA" kann nach Firmen mit bestimmten Einnahmegrößen und mit dem "SIC" (Standard Industrial Classification) Code nach Firmen aus bestimmten Branchen gesucht werden. Die SIC Codes sind im SIC-Manual der US-Regierung verzeichnet. Eine Recherche in dieser Datenbank könnte also z.B. Firmen einer bestimmten Umsatzgröße aus einer bestimmten Branche in einem oder einer Reihe von Bundesstaaten ermitteln.

11.9.2 Standard & Poor's Daily News

"Standard & Poor' s Daily News" verzeichnet aktuelle Firmeninformationen; Mitte des Jahres vereinbarten die Bertelsmann AG und America Online (AOL), die Dienste von AOL im Rahmen eines Joint-Ventures auch in Europa anzubieten.

Wir suchen nach Nachrichten über diese Vereinbarung. Die Datenbank wird mit "begin corp1" ausgewählt; mit "f" (find) wird nach Bertelsmann gesucht. Die 1. Suche S1 ("6 S1") weist 6 Treffer auf, und um die Suche weiter einzuschränken, wird „S1" mit dem Kriterium „America?" verknüpft.

Es ist also auch möglich, Suchschritte selbst als Verknüpfungskriterien auszuwählen und mit anderen Kriterien oder anderen Suchschritten zu verknüpfen. Als Ergebnis erhalten wir genau das, was wir gesucht haben: einen Datensatz, der über das geplante Joint Venture berichtet.

```
? f bertelsmann
   S1     6  BERTELSMANN
? f s1 and america?
           6  S1
       24057  AMERICA?
   S2     1  S1 AND AMERICA?
? t s2/l/all

2/L/1
DIALOG(R)File 132:S&P`s Daily News
(c) 1995 McGraw-Hill, Inc. All rts. reserv.

1294857
 AMERICA ONLINE INC.  950301
 Plans to Sell Minority Interest to and Form Joint Venture With
 Bertelsmann AG-
 Mar. 1, 1995, Bertelsmann AG and America Online Inc. (AMER) announced
that they signed a memorandum of understanding under which Bertelsmann will
acquire a minority interest in AMER, and the concerns will form a 50-50
joint venture to provide interactive services in western and eastern Europe.
  The concerns stated that Bertelsmann will acquire an interest of about
5% in AMER for about $50,000,000. AMER also would expand its board to
include a director from Bertelsmann, the concerns said.
  The concerns added that Bertelsmann would contribute more than DM
150,000,000 to the joint venture, which is expected to begin offering
services later in 1995 in Germany, France and the U.K.
  (Standard & Poor's News)
```

```
SIC Code: 7375
Event: Mergers & Acquisitions (M&A)
    Corporate Restructuring (COR)
Ticker: AMER        CUSIP: 02364H       Company No: 00025164

? logoff
Menu system 7.02D ends.
    11nov95 13:02:31 User421675 Session B2343.5
   $X.XX  0.XXX Hrs FileKI
   $X.XX  Estimated total session cost  0.XXX Hrs.
Logoff: level 38.10.08 B  13:02:31
```

Mit „logoff" wird die Verbindung mit dem KI beendet, und es erscheint eine Mitteilung darüber, wie lange die Verbindung gedauert („0.XXX Hrs. File") und was sie gekostet („$X.XX Estimated total session cost") hat.

Tabelle 11-5: Datenfelder von Standard & Poor's Daily News

CO:	Firmenname
EC:	Ereignis Code
EN:	Ereignis
PD:	Veröffentlichungsdatum (Format:JahrMonatTag)
PY:	Veröffentlichungsjahr
SC:	SIC Code
TS:	Ticker Symbol

11.10 Arts and Humanities Search

Der Arts and Humanities Citation Index wertet regelmäßig 1.300 Zeitschriften aus dem Bereich Kunst und Geisteswissenschaften aus. Erstellt vom Institute for Scientific Information, liegt er in schriftlicher und elektronischer Form vor, als

Online-Datenbank ist er u.a. als „Arts and Humanities Search“ beim Host Dialog verfügbar.

Das Besondere an dieser Datenbank ist, daß sie die in den Aufsätzen zitierte Literatur verzeichnet. Wenn man z.B. herausfinden will, wie bestimmte Autoren und ihre Vorschläge rezipiert und diskutiert werden, dann kann man das hier wesentlich schneller herausfinden, als durch das Durchsuchen der einzelnen Zeitschriften selbst.

Zunächst wird die Verbindung zu Dialog hergestellt. Möglich sind Zugänge per Datex-P oder Internet. Nach Eingabe von Nutzerkennung und Paßwort erschein das „Dialog Homebase Main Menu“.

```
*** DIALOG HOMEBASE(SM) Main Menu ***

Information:
 1. Announcements (new files, free connect time, price changes, etc.)
 2. Database, Rates, & Command Descriptions
 3. Help in Choosing Databases for Your Topic
 4. Customer Services (telephone assistance, training, seminars, etc.)
 5. Product Descriptions

Connections:
 6. DIALOG Menus(SM)
 7. DIALOG Business Connection(R), Headlines(SM), Medical Connection(SM)
 8. DIALOG SourceOne(SM) Document Delivery
 9. Data-Star
 10. Other Online Menu Services & Files (MoneyCenter(R), OAG, TNT, etc.)

   /H = Help        /L = Logoff        /NOMENU = Command Mode

Enter an option number to view information or to connect to an online
service.  Enter a BEGIN command plus a file number to search a database
(e.g., B1 for ERIC).
? b 415
```

Von jeder der bei Dialog verfügbaren Datenbanken befindet sich eine ausführliche Beschreibung in der Bluesheet-

Datenbank. Bei Dialog haben die Datenbanken eine Zugriffsnummer (AN: Access-Number), die Bluesheet Datenbank träg die Nummer 415. Mit „b" („begin") wählen wir zunächst die Bluesheets aus und lassen uns die genaue Beschreibung von „Arts and Humanities Search" geben.

```
File 415:DIALOG Bluesheets(TM) 1994/Dec 25
     (c) 1994 Dialog Info.Svcs.

    Set  Items  Description
    ---  -----  -----------
? s an=439

    S1     1 AN=439
? t s1/9/all

 1/9/1
DIALOG(R)File 415:DIALOG Bluesheets(TM)
(c) 1994 Dialog Info.Svcs. All rts. reserv.

00000439
ARTS & HUMANITIES SEARCH - File 439; ONTAP ARTS & HUMANITIES SE-
ARCH - File 255
ARTS & HUMANITIES SEARCH is a registered trademark of the Institute for
Scientific Information (ISI).; ONTAP is a registered service mark of
Dialog Information Services, Inc.

FILE DESCRIPTION
  ARTS AND HUMANITIES SEARCH is an international, multidisciplinary
database that corresponds to the Arts & Humanities Citation Index. The
database fully covers 1,300 of the world's leading arts and humanities
journals, plus relevant social and natural science journals, and has
additional records from the Current Contents series of publications. For
records added since January 1991, author keywords and KeyWords Plus(tm) may
also be searched.
(...)
```

Arts and Humanities Search trägt die Nummer 439, wir suchen also nach der Nummer 439 (AN=439). Anschließend lassen wir uns den Datensatz im Format 9 (alle Datenfelder) ausgeben. Abgedruckt ist hier nur ein Teil der Beschreibung.

Neben einer inhaltlichen Beschreibung erfahren wir, in welchen Feldern gesucht werden kann. Eine Suche ohne Zusatz wird im „Basic Index" durchgeführt. Der Basis Index besteht aus den Feldern DE (Descriptor), ID (Identifier) und TI (Title).

Tabelle 11-6: Datenfelder von Arts&Humanities Search

AU	Author/Autor
CA	Cited Author/zitierter Autor
CR	Cited Reference/Anmerkung
CS	Corporate Source/Beteiligte Körperschaft
CW	Cited Work/Zitierte Arbeit
CY	Cited Year/Zitiertes Jahr
DE	Descriptor
DT	Document Type/Dokumenttyp
GA	Genuine Article Number/Artikel-Nummer
GL	Geographic Location/Ort
ID	Identifier
JN	Journal Name/Zeitschriftentitel
LA	Language/Sprache
NR	Number of References/Zahl der Anmerkungen
PY	Publication Year/Erscheinungsjahr
SC	Journal Subject Category/Schlagwort
SO	Source/Quelle
TI	Titel
UD	Update/Aktualisierung
ZP	Zip Code/Postleitzahl

Ausgabeformate	
Format 1	DIALOG Datensatz Nummer
Format 2	Vollständiger Datensatz außer der zitierten Referenzen
Format 3	Alle bibliographische Angaben
Format 4	Vollständiger Datensatz mit markierten Feldern
Format 5	Vollständiger Datensatz
Format 6	Titel, Datensatz-Nummer, Artikel-Nummer, Anzahl der Anmerkungen
Format 7	Alle bibliographische Angaben
Format 8	Titel, Indizierung, Schlagwort, Artikel-Nummer und Anzahl der Anmerkungen
Format 9	Vollständiger Datensatz
Format K	KWIC (Key Word In Context)

Gesucht wird nach Arbeiten, die Manfred Thaller zitieren. Thaller ist Historiker und beschäftigt sich seit einigen Jahren mit dem Einsatz des Computers in der Geschichte, er war einige Jahre Vorsitzender der Association for History and Computing und hat zahlreiche Aufsätze veröffentlicht und Sammelbände herausgegeben.

```
? b 439

File 439:Arts&Humanities Search(R)  1980-1994/Nov W1
      (c) 1994 Inst for Sci Info

      Set  Items  Description
      ---  -----  -----------
? s cr=thaller M?
```

```
   S1      38  CR=THALLER M?

? s s1 and PY=1989
          38  S1
      110435  PY=1989
   S2      1  S1 AND PY=1989

? s s1 and PY=1990
          38  S1
      109409  PY=1990
   S3      5  S1 AND PY=1990
? s s1 and PY=1991
          38  S1
      112347  PY=1991
   S4      8  S1 AND PY=1991

? s s1 and py=1992
          38  S1
      115179  PY=1992
   S5      5  S1 AND PY=1992

? s s1 and py=1993
          38  S1
      110981  PY=1993
   S6      4  S1 AND PY=1993

? s s1 and py=1994
          38  S1
       69047  PY=1994
   S7      0  S1 AND PY=1994

? s s1 and py>1991
          38  S1
      295207  PY>1991
   S8      9  S1 AND PY>1991
```

Zunächst wählen wir Arts & Humanities Search mit „b 439“ aus. Der Suchbefehl lautet hier „select“ (s); mit „s cr=thaller M?“ wird nach den Arbeiten gesucht, in denen Thaller zitiert wird („CR=Cited Reference“). Die Suche ergibt 38 Treffer, d.h. in 38 Arbeiten wird auf Thaller verwiesen. Anschließend wird die gesuchte Menge nach Jahreszahlen aufgeschlüsselt, indem die 1. Suche nacheinander mit Jahreszahlen von 1989 bis 1994 verknüpft wird („s s1 and py=1989“).

Schließlich wählen wir die Jahre ab 1992 (größer (>) als 1991) aus („s s1 and py>1991“) und lassen sie uns im Format 9 anzeigen („type s8/9/all“).

```
? type s8/9/all

 8/9/1
DIALOG(R)File 439:Arts&Humanities Search(R)
(c) 1994 Inst for Sci Info. All rts. reserv.

01563567   Genuine Article#: MQ218   Number of References: 36
Title: PHOTOGRAPHY AS (SOCIO) HISTORICAL SOURCE - POSSIBILITIES
AND LIMITS    OF A NEW-TYPE OF SOURCE
Author(s): CERMAN M
Corporate Source: UNIV VIENNA,INST WIRTSCHAFTS & SOZIALGESCHICH-
TE,DR KARL LUEGER RING 1/A-1010 VIENNA//AUSTRIA/
Journal: ZEITGESCHICHTE, 1993, V20, N9-10 (SEP-OCT), P271-286
ISSN: 0256-5250
Language: GERMAN   Document Type: ARTICLE
Geographic Location: AUSTRIA
Subfile: SocSearch; AHSearch; CC ARTS--Current Contents, Arts & Humanities
Journal Subject Category: HISTORY
Cited References:
   FOTOGESCHICHTE, 1982, V2, P39
   FOTOGESCHICHTE, 1982, V2, P44
   SPRACHE TECHNISCHEN, 1971, V37, P1
   BALLHOUSE W, 1981, UBERFLUSSIGE MENSCHE
   BALLHOUSE W, 1981, 2 WEIMAR HITLER SOZI
   BOLTANSKI L, 1983, P137, ILLEGITIME KUNST
   BOURDIEU P, 1983, P85, ILLEGITIME KUNST
```

BUCKLAND G, 1974, REALITY RECORDED EAR
DOHERTY R, 1974, P9, SOZIALDOKUMENTARISCH
DUSEK P, 1985, V15, P1252, BEITRAGE HIST SOZIAL
DUSEK P, 1984, V2, P7, MED J
FISCHER G, 1985, V15, P130, BEITRAGE HIST SOZIAL
FREUND G, 1979, P95, FOTOGRAFIE GESELLSCH
GERNSHEIM H, 1971, P115, FOTOGRAFIE
GERNSHEIM H, 1983, P285, GESCH PHOTOGRAPHIE E
GUNTER R, 1979, P76, FOTOGRAFIE ALS WAFFE
HIEPE R, 1983, RIESE PROLETARIAT GR
HOFFMANN TD, 1982, V2, P49, FOTOGESCHICHTE
HURLEY F, 1980, P45, IND PHOTOGRAPHY IMAG
JAGSCHITZ G, 1985, V5, P29, FOTOGESCHICHTE
KAUFHOLD E, 1890, ARBEITSBILDER DTSCH
KEMP W, 1979, V3, P223, THEORIE FOTOGRAFIE M
KUHNEL P, 1982, V2, P5, FOTOGESCHICHTE
MOLTMANN G, 1970, P17, ZEITGESCHICHTE FILM
PEPPINO O, 1989, V1, P5, PHOTOGRAPHIE GESCH
PEPPINO O, 1989, V1, P4, PHOTOGRAPHIE GESCH
PEPPINO O, 1989, V1, P3, PHOTOGRAPHIE GESCH
PEPPINO O, 1989, V2, P5, PHOTOGRAPHIE GESCH
PETERS U, 1979, P142, STILGESCHICHTE FOTOG
POLLACK P, 1958, P294, PICTURE HIST PHOTOGR
RANKE W, 1977, V5, P5, KRITISCHE BERICHTE
RINKA E, 1981, P22, FOTOGRAFIE KLASSENKA
SCHMID G, 1991, V2, P45, OSTERREICHISCHE Z GE
SONTAG S, 1978, P154, FOTOGRAFIE
THALLER M, 1989, P285, COMPUTER GEISTESWISS
TREUE W, 1958, V186, P308, HIST Z

11.11 Die Zeit

Beim Host Genios steht seit 1995 „Die Zeit“ online zur Verfügung und kann auch über T-Online recherchiert werden.

Zunächst wird die Verbindung zu T-Online (Tel.: 01910) hergestellt; nach Durchführung der Login Prozedur werden die Genios-Datenbanken mit *46801# ausgewählt.

Es handelt sich um die alte CEPT-Oberfläche, die Navigation erfolgt im wesentlichen durch Eingabe von Zahlen.

Bild 11-9: Die Genios Datenbanken bei T-Online

Durch Eingabe von „30“ werden die Datenbanken ausgewählt, und es erscheint eine Seite mit dem Datenbank-

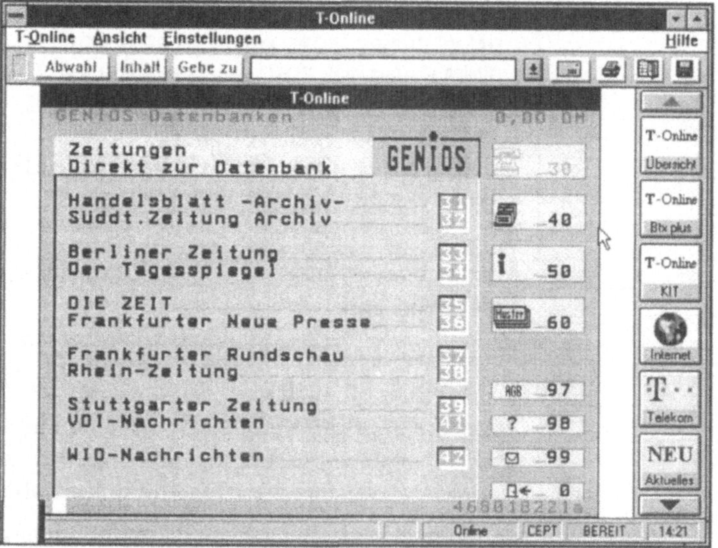

Bild 11-10: Zeitungen bei Genios

angebot. Auf dieser Menüseite wird durch Auswahl von „12" das Untermenü „Zeitungen" und durch Eingabe von „35" „Die Zeit" ausgewählt.

In der unteren Bildschirmzeile erscheint die Mitteilung „ER-Verbindung DM 0,60/MIN J.19 N:2". Die Mitteilung besagt, daß eine Verbindung zu einem Externen Rechner (ER) hergestellt wird, für die pro Minute 0,60 DM zusätzlich zu zahlen sind. Durch die Eingabe von 19 (Ja) bestätigen wir, daß wir einverstanden sind, und die Verbindung wird hergestellt.

Nun sind wir mit der Zeit-Datenbank verbunden und können hier nach Stichwort, Titel und/oder Datum recherchieren.

Wir wollen etwas über die geplante Rechtschreibreform erfahren und geben das Stichwort Rechtschreibung ein. Wir erhalten zunächst 11 Artikel. Um die Suche weiter einzugrenzen, werden Rechtschreibung und Reform zu einem Suchbegriff verknüpft.

Bild 11-11: Recherche in „Die Zeit"

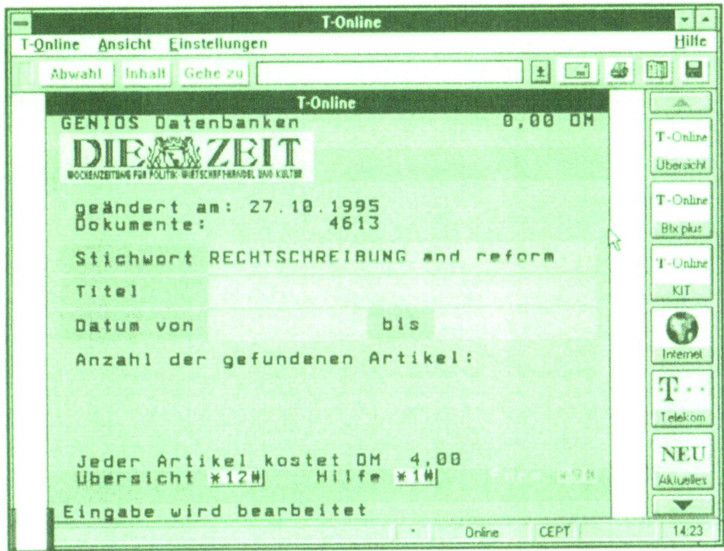

Die Zahl der Artikel hat sich dadurch auf 3 reduziert, deren Überschriften wie uns dann anzeigen lassen.

Bild 11-12:
Artikelauswahl

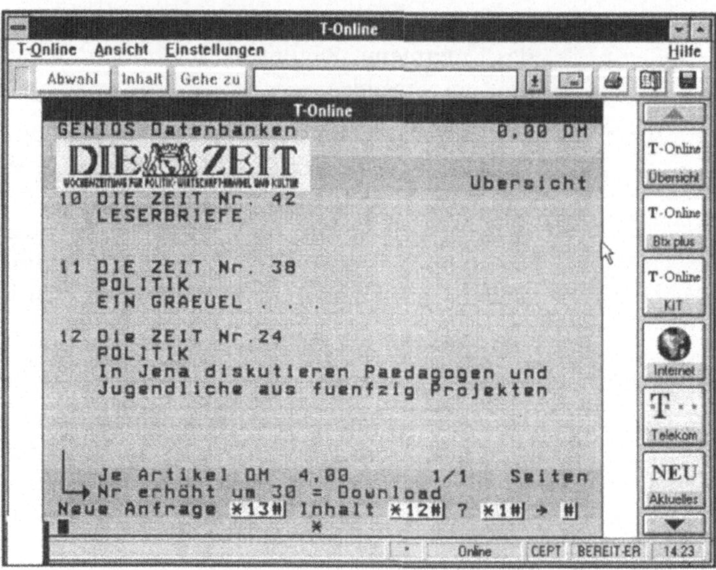

Wir wählen schließlich durch Eingabe von „11" den 2. Artikel aus der Artikelauswahlliste aus.

Bild 11-13:
Gefundenen Artikel anzeigen lassen

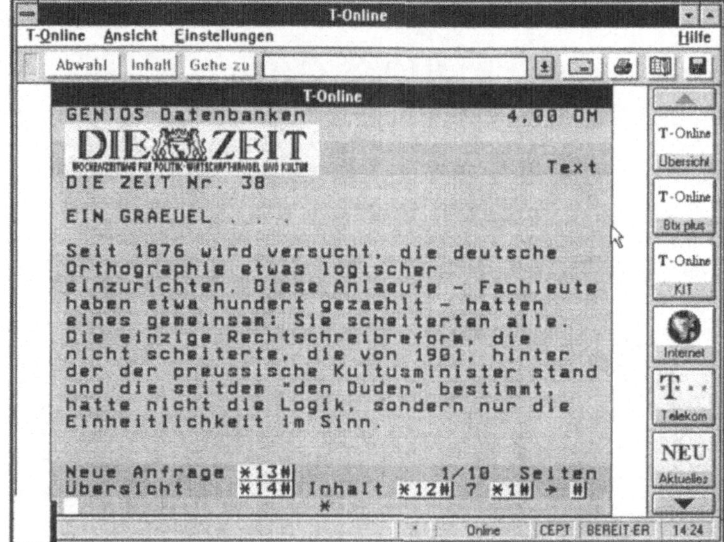

Der Artikel mit der Überschrift „Ein Graeuel..." aus Nr. 38 wird angezeigt.

Durch Eingabe von *0# wird die Verbindung mit Genios beendet, und wir kehren zur Übersichtsseite von T-Online zurück.

Beim Retrieval in der Datenbank der „Zeit" kann mit Hilfe von „und" (auch: and), „oder" und „nicht" gearbeitet werden. Als Trankierungszeichen dienen 3 Punkte (...). Eine zeitliche Einschränkung kann durch Eingabe von „YR=" im Suchfeld hinzugefügt werden. Für Artikel nach dem 1. Februar 1994 würde man „YR>1994.02.01" eingeben und für Artikel aus dem Jahre 1992 „YR=1992".

12 Literaturverzeichnis

12.1 Verzeichnisse

Gale Directory of Databases. Hrsg. von Kathleen Young Marcaccio. Detroit, London, Washington. (Erscheint halbjährlich)

Handbuch der Wirtschaftsdatenbanken. Hrsg. von Scientific-Consulting Dr. Schulte-Hillen, Darmstadt 1994.

Handbuch der Datenbanken für Naturwissenschaft, Technik und Patente. Hrsg. von Scientific-Consulting Dr. Schulte-Hillen, Darmstadt 1994.

Rittner, Don, The Whole Earth Online Almanac: Info from A to Z. New York, London, Toronto u.a. 1993.

Who' s Who. Das Jahrbuch der Online-Szene 1994/95. Adressen und Informationen über Personen, Firmen, Datenbanken, deren Produzenten und Anbieter. Hrsg. vom VIW Verband der Informationswirtschaft e.V. und Messe Frankfurt GmbH. Frankfurt/Main 1994.

12.2 Aufsätze, Broschüren, Bücher

Allischewski, Helmut, Bibliographienkunde. Ein Lehrbuch mit Beschreibungen von mehr als 300 Druckschriftenverzeichnissen und allgemeinen Nachschlagewerken. Wiesbaden 1986.

Astrath, Dirk, DFÜ und BTX. Eine Einführung in Datenfernübertragung und Bildschirmtext. München 1992.

Bibliotheken mit öffentlich zugänglichem On-line-Publikumskatalog OPAC. Zusammengestellt von Traute Braun und Astrid Werner. Hrsg. vom Deutschen Bibliotheksinstitut. Berlin 1993.

Bundesminister für Forschung und Technologie - Leistungsplan Fachinformation. Planperiode 1982-1984. Hrsg. vom Bundesminister für Forschung und Technologie. Bonn 1982.

Buba, Eike-Manfred, Computernetze. Reinbek 1991.

Darimont, Albrecht, BTX und DFÜ auf dem PC. Ein praxisorientierter Leitfaden zum Thema Datenfernverarbeitung, Telekommunikation und Bildschirmtext. Wiesbaden 1992.

Electronic Information Resources and Historians: European Perspectives. Hrsg. von Seamus Ross, Edward Higgs. St. Katharinen 1993.

Fachinformationsprogramm der Bundesregierung 1985-1988. Hrsg. von Bundesminister für Forschung und Technologie. Bonn 1985.

Fachinformationsprogramm der Bundesregierung 1990-1994. Hrsg. vom Bundesminister für Forschung und Technologie. Bonn 1991.

Flichy, Patrice, Tele. Geschichte der modernen Kommunikation. Frankfurt/Main, New York, Paris 1994.

Frey, Donnalyn, Adams, Rick, A Directory of Electronic Mail. Addressing and Networks. 3. Aufl. Sebastopol 1993.

Gerlach, H., Keitz, W. von, Keitz, S. von, Modernes Online-Retrieval. Der Weg zu den Wissensspeichern der Welt am Beispiel der DIALOG-Datenbanken. Weinheim, Basel 1993.

Grundlagen der praktischen Information und Dokumentation. Ein Handbuch zur Einführung in die fachliche Informationsarbeit. 2 Bde. Hrsg. von M. Buder, W. Rehfeld, T. Seeger. München, London, New York, Paris 1990.

Horvath, Peter, „Online Datenbanken für Historiker - Ein Überblick“, in: Historical Social Research, 1994, Vol. 19, No. 1, S. 129-132 (Teil 1) und 1994, Vol. 19, No. 2, S. 70-103 (Teil 2).

Huthloff, Christa R., Hoffmann, Bernward, Onlinebibliographieren in allgemeinbibliographischen Datenbanken. o.O. 1986.

Kmuche, Wolfgang, Umgang mit externen Datenbanken. Ein praktischer Leitfaden für die maßgeschneiderte Informationsbeschaffung durch externe Datenbanken. 3. Aufl. München 1990.

Krol, Ed, The Whole Internet: User' s Guide and Catalog. Sebastopol 1994. (Die deutsche Übersetzung ist unter dem Titel „Die Welt des Internet" erschienen)

LaQUEY, Tracy, und Ryer, Jeanne C., The Internet Companion. A Beginner' s Guide to Global Networking. 4. Aufl. Reading, New York u.a. 1993.

Löbbe, Jens, Literaturbeschaffung mit dem PC. Online Datenbanken in Studium und Beruf. Lünen 1991.

Maier, Gunther und Wildberger, Andreas, In 8 Sekunden um die Welt. Kommunikation über das Internet. Bonn, New York, Paris u.a. 1993.

Multimedia. Die schöne neue Welt auf dem Prüfstand. Hrsg. von Kurt van Haaren und Detlef Hensche. Hamburg 1995.

Nürnberger, Albrecht, Datenbanken und Recherche. Remagen Rolandseck 1993.

Programm der Bundesregierung zur Förderung der Information und Dokumentation (IuD-Programm) 1974-1977. Hrsg. vom Bundesminister für Forschung und Technologie. Bonn 1975.

Spektrum der Wissenschaft. Dossier: Datenautobahn. Dossier 1, 1995. Heidelberg,1995.

Schubert, Steffen, Online Datenbanken. Düsseldorf 1986.

Schürer, K., Anderson, S. J., A Guide to Historical Datafiles held in Machine-Readable Form. Hrsg. von der Association for History and Computing. Cambridge 1992.

Staud, Josef, Online Datenbanken. Aufbau, Struktur, Abfragen. Bonn, München u.a. 1991.

Symposium über Probleme der Dokumentation. Niederschrift über die Dokumentationsgespräche in der Evangelischen Akademie Loccum (Hann.) vom 11. bis 14. Februar 1966. Hrsg. von der Deutschen Gesellschaft für Dokumentation e.V. Beiheft Nr. 15/1966 der Nachrichten für Dokumentation und Loccumer Protokolle 1966 Nr. 2. Frankfurt/Main 1966.

Das Telekom-Buch ´93/94. Hrsg. von der Deutschen Bundespost Telekom. Bonn o.J.

Welt der Information. Wissen und Wissensvermittlung in Geschichte und Gegenwart. Hrsg. von Hans Albrecht Koch und Agnes Krup-Ebert. Stuttgart 1990.

Weide, K. und Pascal, J., CompuServe. Eine Erkundungsreise durch die größte Mailbox der Welt. München 1992.

Zilahi-Szabo, M. G., Informatik. Anwendungsorientierte Einführung in die allgemeine Wirtschaftsinformatik. München, Wien 1991.

Zwischenbilanz 1992 zum Fachinformationsprogramm der Bundesregierung 1990-1994. Hrsg. vom Bundesminister für Forschung und Technologie. Bonn 1993.

12.3 Zeitschriften

Cogito - Informationen wirtschaftlich nutzen. Darmstadt.

INFOdoc, Technologien für Information und Dokumentation. Essen.

NFD - Nachrichten für Dokumentation. Zeitschrift für Informationswissenschaft- und praxis. Hrsg. von der Deutschen Gesellschaft für Dokumentation e.V. Frankfurt am Main.

ONLINE. Weston.

Password - Praxisberater für elektronische Informationsbeschaffung. Offizielles Organ des Verbandes der Informationswirtschaft e.V. (VIW) Düsseldorf.

12.4 Elektronische Referenzen

Literaturliste Internet zusammengestellt von Dr. Oliver Obst (ULB Münster):

http://medweb.uni-muenster.de/zbm/liti.html

13 Glossar

Abstract: Bezeichnung für eine kurze, genaue Wiedergabe eines Dokumentes ohne Interpretation und Kritik.

Baud: Übertragungsgeschwindigkeit bei der Datenübertragung; benannt nach dem französischen Ingenieur Baudot. Entspricht in etwa Bit/s.

Bit: Kleinste technische Speichereinheit. Abgeleitet von Binary Digit (zweiwertiger Zustand).

Bit/s: Bit pro Sekunde (Bit/s); Übertragungsgeschwindigkeit bei der Datenübertragung. Die Tausendereinheiten werden mit "Kilo" (Kbit/s), die Millionen mit "Mega" (Mbit/s) und die Millarden mit "Giga" (Gbit/s) bezeichnet.

Boolesche Operatoren: "und" (and), "oder" (or) und "aber nicht" (not); mit ihrer Hilfe können bei der Recherche durch Verknüpfung von Begriffen Teilmengen gebildet werden. Benannt nach dem englischen Mathematiker Boole.

Bps: Bit pro Sekunde (-> Bit/s).

BTX: Bildschirmtext; wurde zunächst in Datex-J umbenannt, heißt jetzt T-Online.

Byte: Eine Folge von 8 Bits, entspricht einem Zeichen.

CCL: Common Command Language; Name einer Retrieval-Sprache.

Datex-P: Das öffentlichen Datennetz der Telekom. Das "P" steht für paketvermittelt. Die Datenübertragung erfolgt mit 64 Kbit/s (64.000 Bps)

DBMS: Data Base Management System; Bezeichnung für elektronische Datenverwaltungssysteme.

Fachinformation: das Wissen, das für die Bewältigung fachlicher Aufgaben in Wissenschaft, Forschung, Wirtschaft und Staat benötigt wird.

GRIPS: Name einer Retrieval-Sprache.

Host: Datenbankanbieter; eigentlich die Bezeichnung für den gastgebenden Rechner.

ISDN: Integrated Services Digital Network; das neue Dienste-integrierende digitale Fernmeldenetz. Die Übertragungsgeschwindigkeit beträgt 64 kbit/s.

Logische Operatoren: -> Boolesche Operatoren.

Mainframe: Großrechner.

Maskierung: mit Hilfe von Sonderzeichen wird bei der Suche in Datenbanken eine Wortmaske gebildet, die es erlaubt, nach Begriffen mit unterschiedlicher Schreibweise zu suchen. Das Prozentzeichen (Beispiel: Spe%trum) steht in der Sprache GRIPS für genau ein beliebiges Zeichen, die Suche umfaßt damit sowohl „Spectrum“ als auch „Spektrum" (-> Trankierung).

Modem: Gerät zur Datenübertragung; übersetzt digitale in analoge Signale und umgekehrt.

Online: Bestehen einer direkten Verbindung zwischen Computern.

PAD: Paketierungs-/Depaketierungs-Einrichtung; Zugangseinrichtung zur paketvermittelten Datenübertragung wie z.B. dem Datex-P-Netz. Die Einrichtung packt und entpackt Datenpakete und paßt die Geschwindigkeiten asynchroner Geräte an.

Protokoll: Festlegung über die Art und Weise der Datenübertragung.

Retrieval: Suche in Datenbanken; wörtlich Wiederfinden.

Trankierung (auch: Trunkierung): der aus dem Englischen "truncation" (Beschneiden) übernommene Begriff bezeichnet das Abschneiden von Wörtern. Von einem Datenbanksystem wird in der Regel nur eine identische Zeichenfolge gefunden. Die Suche nach "Auto" findet nicht die zusammengesetzten Begriffe wie z.B. "Autobahn". Die Suche mit einem Trankierungszeichen, in der Sprache GRIPS dient dazu das Fragezeichen (Beispiel: Auto?), findet auch alle zusammengesetzten Wörter (wie Autoindustrie, Autor, Autopilot usw.). (Siehe auch Maskierung)

Wildcard: bezeichnet ein Trankierungs- bzw. Maskierungszeichen. Man unterscheidet Leerzeichen, die für genau ein Zeichen und solche, die für beliebig viele Zeichen stehen. Häufig verwandt werden "?", "$" und "*" (-> Maskierung und Trankierung).

Anhang: Retrievalbefehle im Überblick

Tabelle 14-1: Die wichtigsten Retrievalbefehle der Anbieter DBI-LINK, ECHO, Dialog und KI im Überblick

Beschreibung	DBI/ ECHO	Dialog	KI
Datenbankauswahl	Base	Begin	Begin
Suchbefehl	Find	Select	Find
Anzeige (bildschirmweise)	Show	Display	Display
Anzeige (fortlaufend)	Show hc	Type	Type
Datenbank-Index	Display	Expand	Expand
Anzeige der Such-schritte	Tab	Display Sets	Recap
Bestellen von Do-kumenten	Order	Order	Order
Hilfe	Info/?	Help	Help
Beenden	Stop	Logoff	Logoff
Trankierungszeichen			
Beliebige Anzahl von Zeichen	? (DBI) $ (Echo)	?	?
Genau ein Zeichen	%	??	??
Boolesche Operatoren			
und	and	and	and
aber nicht	not	not	not
oder	or	or	or

Sachwortverzeichnis

A

Abi/Inform 54

Abstract 10; 53; 106; 107; 108; 131; 135; 137; 140; 146; 147; 157; 206; 228; 271

Academic Index 54

Ageline 54; 133

Agence France Press 152; 153

Agricola 54; 132

Agrochemicals Handbook, The 54

Aidsline 54

Akron Beacon Journal 54

America Online 15; 34; 36; 190; 239; 248; 250; 251

America: History and Life 54; 137

Amtliche Statistik 170

Analytical Abstracts 54; 135

Archie 37; 42 - 44

Architecture Database 133

Arizona Republic - Phoenix Gazette 54

Arpanet 31

Art Bibliographies Modern 54; 138

Art Literature International 54; 138

Arts and Humanities Search 130; 174; 252 - 254

Associated Press 153; 169

Atlanta Journal - Atlanta Constitution 54

A-V Online 54

B

Baltimore Sun 54

Baud 94; 209; 271

BBC - Summary of World Broadcast 153

Beilstein 8

Berliner Zeitung, Die 78; 155

Bertelsmann 10; 190; 250; 251

Bertelsmann Discovery 149

Bettmann Archive 62

Bible, The (King James Version) 54

Bibliodata 113

Bibliographie 103; 106; 109; 112 - 114

Bibliothèque Nationale 104; 115

Bildschirmtext (BTX) 71; 75; 189

Biological Abstracts 107; 134

Biosis Previews 134

Bit/s 5; 22; 50; 81; 82; 86; 91; 94; 97; 209; 271

BITNET 30

Bitratenadaption (V.110) 21; 99

Blick durch die Wirtschaft 77

BLISS - Betriebswirtschaftliches Literatursuchsystem 6; 77; 146; 240

BLAISE-LINE (-> Kapitel 10.1)

Block, H&R 49; 177; 239; 243

BNA Daily News 54

Books in Print 54; 117; 123

Boole, George 199; 200

Boolesche Operatoren 52; 59; 200; 201; 214; 229

Boston Globe, The 54; 62; 155

Bowker Biographical Directory 149

Bps 22; 81; 271

British Books in Print 117

British Library 116; 127; 177

British Museum 104

British National Bibliography 116

BRS Search Service 111; 186

Bureau of Census 167; 170

Business Database Plus 155; 224; 225; 228

Business Software Database 54

Businesswire 54

Buyer' s Guide to Micro Software 54

Byte 81; 271

C

Cab Abstracts 54

Canadian Business and Current Affairs 54

Cancerlit 54

CCITT 22; 82; 83; 86; 87

CCL 205 - 207; 271

Center for Electronic Texts in the Humanities (CETH) 164

cFos 100; 101

Chapman and Hall Chemical Database 54

Charlotte Observer 54

Chemical Abstracts 107; 135

Chemical Business Newsbase 54

Chemical Engineering and Biotechnology Abstracts 54

Chicago Tribune 54

Christian Science Monitor 62

Columbus Dispatch 54

Compendex Plus 54; 145

CompuServe (-> Kapitel 3; 9.3; 10.2)

CompuServe Information Manager (CIM) 49; 89

Computer Database 54

Computer Database Plus 224; 228

Computer News Fulltext 54

Consumer Reports 54

Creditreform 77

Current Biotechnology Abstracts 55; 134

Current Digest of the Soviet Press 55

D

Daily News of Los Angeles 55

Data Base Management System 2

Data-Star (-> Kapitel 10.3)

Datenbankanbieter 3; 6; 11; 58; 76; 86; 89; 111; 180

Datenfelder 53; 109; 110; 193; 195; 205; 207; 211; 217; 236; 243; 252; 255

Datennetz (->. Kapitel 2)

Datensatz 52; 109; 174; 207; 221; 223; 232; 233; 235; 236; 240; 244; 248; 251; 255; 256

Datenverwaltungssysteme 1

Datex-P (-> Kapitel 2)

DBI-LINK (-> Kapitel 10.4)

DBMS 2; 271

DE-NIC 33

Delphi 15

Deskriptor 53; 106

Detroit Free Press 55; 61; 246; 248

Deutsche Bibliothek 112; 113

Deutsche Bücherei 104; 112

Deutsche Presseagentur 207

Dialog (-> Kapitel 9.2; 10.5)

DFÜ 84; 85; 87

DIMDI (-> Kapitel 10.6)

DIN 9; 77; 107

Dissertation Abstracts 55; 131

Domain 33; 35; 36; 41; 87

DPA 68; 206 - 208

Drug Information Fulltext 55

E

EARN 30; 33

ECHO (-> Kapitel 10.7)

Economic Literature Index 55; 147

Elektronische Journale 44

Elektronische Post 14; 39

Elsa Swiss News Agency 153

Embase 55

Encyclopædia Britannica 150

ERIC 55; 136; 253

ESA-IRS (-> Kapitel 10.8)

Euronet 6

Europanet 177; 201

Europe Online 190; 226; 227

Eventline 55

Everyman´s Encyclopaedia 55; 150

eWorld 15

externe Datenbanken 3

F

Fachinformation 6; 8; 11 - 13; 271

Fachinformationsprogramm 8; 11; 12

File Transfer Protocol (FTP) 38

FIZ-Technik (-> Kapitel 10.9)

Focus 156

Food Science and Technology Abstracts 55; 136

Forum 49; 51; 64; 66; 70; 159; 177

Frankfurter Allgemeine Zeitung 73; 77; 156

G

GABRIEL 113

Gale Directory of Databases 16; 111

GBI (-> Kapitel 10.10)

GENIOS (-> Kapitel 10.11)

GKS - Gesamtverzeichnis der Kongreßschriften 148

GPO Publications Reference File 55

GRIPS 205; 206; 272

Grolier' s Academic American Encyclopedia 150; 196; 198

Groningen Historical Electronic Text Archive (Gheta) 164

Guardian, The 62; 156

Gutenberg 163; 164

H

Handelsblatt, Das 78; 156

Handelsregister 77

Harvard Business Review 55

Hayes 83; 96; 101

Health Planning and Administration 55

Historical Abstracts 55; 107; 108; 137; 174; 175; 230; 231

Hoppenstedt 77; 78

Hoppenstedt Directory of German Companies 161

Houston Post 55; 61

HTML 41: 66; 129

Hutchinson Encyclopedia 151

HWWA 77; 147

Hypertext 40; 41

Hypertext Transfer Protocol (HTTP) 41

I

ICC British Company Directory 55; 162

IM GUIDE 112; 181; 201; 204; 206; 207; 208

Information Retrieval 5; 166; 182

Information und Dokumentation 5; 6; 7

Inspec 55

Institute for Scientific Information 61; 108; 130; 252

International Pharmaceutical Abstracts 55; 140

International Telecommunication Union (ITU) 82

Internet (-> Kapitel 2.3)

Internet Access Kit 46; 72

Iquest (-> Kapitel 3.2)

ISDN 14; 21; 22; 28; 46; 72; 81; 86; 87; 99; 100; 101; 189; 272

ISO 108; 114

ITU 82 - 84

J

Jerusalem Post 157

Juris-Literatur 142

K

KIT 71

Knowledge Index (-> Kapitel 3.1)

Kommunikationsprogramm 81; 85 - 89; 98; 99; 232

Kurzreferat 106 - 108

L

Legal Resource Index 55; 143

Lexis Nexis (-> Kapitel 10.12)

Library of Congress 104; 120; 121; 127

Life Sciences Collection 55

Linguistics & Language Behavior Abstracts 55; 139

Los Angeles Times 55; 62; 157

Lottor, Mark 34

M

Magazine Database 157

Magazine Database Plus 157; 224; 228

Magill' s Survey of Cinema 55; 151

Mainframe 4; 272

Marquis Who´s Who 55; 151

Maskierung 206; 272

MathSci 55; 139

Medikat 128

Medline 55; 139; 140

Mental Health Abstract 55

Merck Index Online, The 55

Miami Herald 246

Microcomputer Index 55

Microcomputer Software & Hardware Guide 55

Microsoft Network (MSN) 15; 68; 91

MNP 83; 97

Modem 19; 28; 67; 72; 81; 83; 86 - 90; 94; 96; 100; 202; 209; 272

Multiuser 4

N

Näherungsoperator 235

National Newspaper Index 55

National Union Catalog 120

Neue Zürcher Zeitung 77; 158

Newsday and New York Newsday 56

NewsNet (-> Kapitel 10.13)

Newsearch 56

NTIS 56

Nursing and Allied Health 56

O

OCLC (-> Kapitel 10.14)

OPAC 117; 119; 128; 218; 219

Orbit (s. Questel/Orbit)

Oregonian 56

Orlando Sentinel 56

OS/2 Warp 84; 92; 97; 221

Ovid Online (-> Kapitel 10.15)

Oxford Text Archive, The 163; 164

P

PAD 21; 22; 210; 217; 272

PAIS International 56; 141

Paketvermittlung 20

Palm Beach Post 56

Peterson' s College Database 56

Peterson' s Gradline 56

Philadelphia Inquirer 56

Philosopher´s Index 56; 140

Pica 118; 126; 218; 219

Pittsburgh Press 56

Pollution Abstracts 56; 146

PR Newswire 56

Prodigy 15; 34

Protokoll 21; 30; 84; 97

PsycINFO 56; 142

Public Opinion Online (Poll) 56

Q

Questel/Orbit (-> Kapitel 10.16)

Quotations Database 56

R

RARE 33

Recherchegebühren 173

Referenzdatenbanken 14

Religion Index 145

Remote Login 18

Reuters 62; 68; 154

Reuters Textline 154

Rezension 106

Richmond News Leader - Richmond Times Dispatch 56

RIPE 33

RLIN (-> Kapitel 10.17)

Rocky Mountain News 56

Russian and CIS News 158

S

Sacramento Bee 56

San Francisco Chronicle 56

San Jose Mercury News 246

Science Citation Index 108; 132; 143

SciSearch 60; 61; 132

Seattle Times 56; 247

Serielle Schnittstellen 92

SGML 41

SIGLE 149

Smoking and Health 56

Social Science Citation Index 61; 108; 143; 165; 166; 168

Sociological Abstracts 56; 139; 143

SOLIS 77; 144

SOPRA - Russisches Pressearchiv 158

Spiegel, Der 47; 63 - 65; 159; 174

Sport 56; 151; 157

Sprachkreiskonzeption 121

St. Louis Post-Dispatch 56

St. Paul Pioneer Press 56

Standard & Poor´s 56; 152, 162; 239; 243; 250; 251; 252

STATIS-BUND 171

Statistisches Bundesamt 74; 171

Stoppbit 95

STN (-> Kapitel 10.18)

Stuttgarter Zeitung 77; 78; 159

Suchstrategie 194

Süddeutsche Zeitung, Die 78; 159

Sun-Sentinel (Ford Lauderdale) 56

Swiss News Agency 153

T

T-Online (-> Kapitel 4; 9.4; 10.19)

Tagesspiegel, Der 78; 160

Tageszeitung, Die 77; 160

TASS 154

TCP/IP 30

Telefonnetz 2; 4; 19; 20; 21; 28; 46; 72; 81; 96

Telemate 99 - 101

Terminalemulation 98; 119

Terminalprogramm 46; 49; 99; 101; 197; 202

Terminate 84; 92; 100; 197

Territorialkonzeption 104; 116; 121

Thesaurus 106; 147

TIBKAT 128

Times/Sunday Times 62; 160

Times-Picayune (New Orleans) 56

Timesharing 3; 4; 110; 177

Trade and Industry Index 56

Trankierung 193; 206; 216; 244; 272

U

Ulrich´s International Periodicals Directory 148

Umweltliteraturdatenbank 146

Universitätsbibliothek 114; 117; 124; 128 - 130; 217 - 219; 236

UPI 57; 155

USA Today 57; 62; 160

USENET 31

UUCP 31

V

V.110 21; 28; 99

W

Washington Post, The 57; 62; 161

Wer ist Wer? 152

Who´s Who? 55; 79; 151; 152

Wildcard 273

WIN 31; 32; 124; 179; 181; 183; 188; 209

Windows 30; 46; 49; 67; 72; 84; 90; 92 - 94; 98; 99; 196; 221

Wirtschaftswoche 79; 161

Wissenschaftsnetz 31

Woche, Die 77; 161

World Trade Statistics 171

World Wide Web 40; 45

X

X.25 21; 32

Y

Yanoff, Scott 47

Z

ZDB - Zeitschriftendatenbank 148; 235; 236

Zeit, Die 79; 175; 259-263